Gustav Heyer

Handbuch der forstlichen Statik

Die Methoden der forstlichen Rentabilitätsrechnung

Gustav Heyer

Handbuch der forstlichen Statik
Die Methoden der forstlichen Rentabilitätsrechnung

ISBN/EAN: 9783743401112

Hergestellt in Europa, USA, Kanada, Australien, Japan

Cover: Foto ©berggeist007 / pixelio.de

Manufactured and distributed by brebook publishing software (www.brebook.com)

Gustav Heyer

Handbuch der forstlichen Statik

Vorwort.

Die Thätigkeit der Forstwirthe wurde früher geraume Zeit durch die Theorie beherrscht, dass die Staatsforstwirthschaft kein selbständiges Gewerbe sondern nur eine Hülfsanstalt für die Holz verbrauchenden Gewerbe sei und nur in diesen, nicht aber in sich selbst, einen Reinertrag zu suchen habe. Soweit die literarhistorischen Forschungen des Herausgebers reichen, kann Meyer als der Vater dieser Theorie angesehen werden. Aber seine „National-forstökonomie" greift mit ihren Wurzeln viel weiter zurück, und man wird kaum fehlen, wenn man annimmt, dass den von G. L. Hartig und H. Cotta empfohlenen Rauhertrags-Umtriebszeiten ähnliche Ansichten zur Unterlage dienten.

Sicherung des Holzbedarfs und möglichste Steigerung der Naturalproduction waren die nothwendigen Konsequenzen dieser Lehre, welche eine Ersparniss am Productionsaufwande nur in so weit für zulässig halten durfte, als hierdurch jene beiden Hauptzwecke nicht gefährdet wurden.

Bis zum Anfange des dritten Dezenniums dieses Jahrhunderts hat die Forstwissenschaft in vorwiegendem Masse die Früchte dieser Theorie aufzuweisen, deren Ausläufer sich bis in die neueste Zeit erstrecken. Die Productionslehre ward in den Vordergrund geschoben, dagegen die Ausbildung der Gewerbslehre auf das Wenige beschränkt, was eben zur Herstellung eines geordneten Forsthaushaltes erforderlich ist. Die Ertragsregelung fand ihre Aufgabe hauptsächlich in der Sorge für die Nachhaltigkeit des Holzbezugs, und die vereinzelten Bemühungen von Kameralisten und Forstwirthen, welche bei der Ermittlung des Etats auch die Verzinsung des Betriebskapitals in Rechnung nehmen wollten, wurden von der Praxis nicht gebührend beachtet.

Wer wollte leugnen, dass diese Richtung auch ihren Nutzen hatte, da sie ja immerhin zur Ausbildung einzelner Theile des Forstwesens führte. In der That, wenn man ihr etwas vorwerfen kann, so ist es nur ihre Einseitigkeit. Diese brachte freilich sonderbare Widersprüche hervor, welche man sich nicht zu erklären vermag, wenn man nicht weiss, dass dieselben der Ausfluss eines bestimmten Systemes waren. Um zu Gunsten einer späteren Zeit den Holzertrag zu vermehren, scheute der Forstwirth keine Kosten für Kulturen, auch wenn er voraussehen konnte, dass der Ertrag den Productionsaufwand nicht ersetzen werde; aber er liess es häufig an einem rationellen Wegenetz fehlen, durch welches die Reinerträge des Waldes oft unmittelbar hätten gesteigert werden können. Auch noch die heutige Zeit lässt ähnliche Gegensätze erblicken. Täglich kann man das Spiel der Flügelsäge beobachten, welche unsern Enkeln astreines Nutzholz liefern soll, während man oft in den nämlichen Wäldern zum Fällen und Zerkleinern der bereits haubaren Stämme die Wolfszahnsäge benutzen sieht, deren Leistungsfähigkeit sich zu derjenigen der steirischen Säge ungefähr ebenso verhält, wie der Haken zum schottischen Schwingpflug. Die Forstwirthe trösteten sich und viele trösten sich auch jetzt noch mit der Hoffnung, dass die volkswirthschaftliche Verwendung des Holzes die Wunden heilen werde, welche die Rauhertragswirthschaft dem Walde schlägt.

In diese Theorie — man darf sie vielleicht auf Rechnung des Merkantil-Systems bringen — wurde während des dritten Dezenniums unseres Jahrhunderts von zwei Männern Bresche gelegt, welche sich im Verkehr mit Oekonomen einen weiteren Gesichtskreis angeeignet hatten. Pfeil, damals Professor an der Universität zu Berlin, stellte den Satz auf, dass der Zweck der Forstwirthschaft nicht die Erziehung der grössten und brauchbarsten Holzmenge, sondern die Gewinnung des grössten Boden-Reinertrages sei; Hundeshagen, Professor an der Universität zu Tübingen und später zu Giessen, zeigte, wie man den Productionsaufwand mit dem Rauhertrage zu vergleichen habe, um den bei der Forstwirthschaft erzielten Unternehmergewinn und die Verzinsung der Productionskapitalien kennen zu lernen.

Die Probleme, mit welchen insbesondere Hundeshagen sich beschäftigte, hat die Forstwirthschaft mit allen übrigen Gewerben gemein, aber die Behandlung derselben ist bei der Forstwirthschaft mit einigen Schwierigkeiten verbunden, weil die Erträge des Waldes nicht zu derselben Zeit erfolgen, in welcher die Productionskosten verausgabt werden. Diese Schwierigkeiten werden durch die Reduction der Erträge und Kosten auf den nämlichen Zeitpunkt nicht vollständig gehoben, denn die Länge des Zeitraums, welcher zwischen der Begründung und der Ernte eines Bestandes verfliesst, nöthigt den Forstwirth, auch noch andere Wege als diejenigen der gewöhnlichen Zinsrechnung zur Vergleichung des Ertrages mit dem Productionsaufwande einzuschlagen. So z. B. hat man auch die laufend-jährliche Verzinsung des Productionsfonds zu untersuchen, welche für die verwandte Landwirthschaft einer gesonderten Betrachtung nicht bedarf, weil sie hier mit der durchschnittlich-jährlichen Verzinsung zusammenfällt.

Hundeshagen hatte die Methoden der Rentabilitätsrechnung bis zu der Grenze kultivirt, bei welcher er die weitere Ausbildung derselben geübteren Mathematikern überlassen musste. Der Erste, welcher die Hundeshagen'sche Richtung einschlug, König, war indessen mehr Rechner als Mathematiker, und vielleicht ist es diesem Umstande beizumessen, dass die Resultate seiner Arbeiten längere Zeit selbst von den Freunden einer exacteren Behandlung des Forstwesens übersehen wurden. Wenn sie in das grössere Publikum überhaupt nicht übergingen, so trug hieran die gewohnte Formelscheu der Forstleute die Schuld. Hat doch von Oettelt (1764) bis Laugenbacher (1869) fast Jeder, welcher über forstliche Gegenstände vom mathematischen Standpunkte aus schrieb, für nöthig erachtet, vorerst seinen Lesern zu beweisen, „dass die Mathesis bei dem Forstwesen unentbehrliche Dienste thue". Zu den Misserfolgen Königs mögen auch noch die dunkle Darstellungsweise desselben und seine Neigung zur Bildung neuer Kunstausdrücke beigetragen haben. Uebrigens prosperirten Andere in jener Zeit nicht viel besser. Auch die Forschungen Faustmann's, welchem das mathematische Rüstzeug in weit höherem Grade zu Gebote stand, als König, fanden erst später die verdiente Würdigung. Die Productionslehre hatte damals alle andern Zweige des Forstwesens überwuchert. Hierdurch erklärt es sich auch, warum von der „Anleitung zu forststatischen Untersuchungen", welche Karl Heyer bereits 1846 veröffentlicht hatte, bis jetzt nur ein höchst sparsamer Gebrauch gemacht worden ist.

Dieser Zustand der Ablehnung gegen die neue Lehre würde vielleicht noch lange angedauert haben, wenn demselben nicht durch das energische Auftreten Pressler's ein plötzliches Ende bereitet worden wäre. Die Forstwissenschaft hat wahrscheinlich seit ihrer Begründung keine solche Bewegung gesehen, wie diejenige, welche der „Rationelle Waldwirth" von Pressler hervorrief. Anfänglich gab man sich der Hoffnung hin, den ehemaligen Ingenieur, welcher die Probleme der Forstwissenschaft nicht auf einer Forstschule, sondern aus Königs „Forstmathematik" kennen gelernt hatte, als Eindringling zurückweisen zu können, und eine Versammlung von Notabeln des Forstbeamtenstandes erliess gegen seine Thesen einen

Protest, den sie nicht einmal zu motiviren für nöthig hielt. Aber Pressler, welcher sich auf dem usurpirten Gebiete vollkommen heimisch gemacht hatte, wurde nicht müde, für die Grundsätze seiner Reinertragslehre in Flugschriften und zahllosen Zeitungsartikeln zu agitiren, und so gelang es ihm, diesen Gegenstand auch in solche Kreise einzuführen, welche sich von demselben ohne eine derartige Anregung noch lange ferne gehalten haben würden. Wenn man sich heute nicht mehr der herausfordernden Redeweise Pressler's zu bedienen braucht, um Gehör für die Besprechung eines der wichtigsten Theile der forstlichen Gewerbslehre zu finden, so hat man diesen Vortheil Pressler'n selbst zu verdanken. Die Epigonen sollten dies nie vergessen.

Ueber Mangel an Theilnahme darf sich die Lehre von der Rentabilitätsberechnung forstlicher Wirthschaftsverfahren oder die forstliche Statik in der That jetzt nicht mehr beklagen. Man wird in Deutschland wohl keinen Forstmann finden, welcher sich nicht wenigstens über das bedeutendste Problem derselben — die Wahl der Umtriebszeit — eine Meinung gebildet hätte. Ja es lässt sogar die Erregung, in welcher die streitenden Parteien häufig mit einander verkehren, darauf schliessen, dass diese Disciplin das Interesse der Forstwirthe in ungewöhnlichem Grade in Anspruch nimmt. Auch die in mehreren Staaten eingeleiteten Untersuchungen des Ertrages der Wälder, welche seit Hundeshagen lange Zeit vergeblich gefordert wurden, sind als ein überaus günstiges Zeichen der jetzt herrschenden Strömung zu betrachten. Fleissige Hände haben schon recht tüchtige Materialien für den Aufbau der Statik geliefert, und man wird jetzt immer mehr daran denken dürfen, das theoretisch Vorbereitete für die Praxis nutzbar zu machen.

Unser Handbuch der forstlichen Statik soll ein Organ dieser Bestrebungen werden. Es stellt sich die Aufgabe: die in praxi üblichen Wirthschaftsverfahren auf ihre Rentabilität zu prüfen, nach Bedürfniss auch andere, besser rentirende Verfahren ausfindig zu machen, und zu diesem Zwecke nicht allein die Erträge und Productionskosten der Waldwirthschaft aus der Literatur, sowie durch besonders anzustellende Untersuchungen und Versuche zu erheben, sondern auch die Methoden der Rentabilitätsrechnung weiter zu vervollkommnen.

Da jedoch diese Aufgabe zu umfassend ist, als dass sie von einem Einzigen bewältigt werden könnte, so hat sich der Herausgeber der Mitwirkung mehrerer Fachgenossen versichert, welche namentlich bei der II. Abtheilung dieses Werkes eintreten werden.

Er wird aber auch andere tüchtige Kräfte, welche ihn zu unterstützen geneigt sind, willkommen heissen.

Der Herausgeber mag von dem Leser nicht Abschied, nehmen, ohne zuvor eines Gegenstandes gedacht zu haben, welcher zwar in dem Systeme dieses Buches keine Stelle findet, aber zu dem Inhalte desselben in naher Beziehung steht.

Wie bereits oben angedeutet wurde, fehlt es der Statik dermalen nicht an Freunden und Gönnern: was aber diese Disciplin zu ihrem Nachtheile noch immer vermisst, das sind Kräfte, welche sich dem schwierigen und zeitraubenden Ausbau derselben ungetheilt hingeben können. ' Gleich allen übrigen Wissenschaften würde die Statik ihre Förderer vorzugsweise in dem Lehrerstande zu suchen haben. Wenn man aber hier sich umschaut, so stösst man auf Verhältnisse, welche der Ausbildung der Statik keineswegs günstig sind.

Die heutige Organisation des forstlichen Unterrichtes stammt aus jener Zeit, in welcher die Gewerbslehre gegenüber der Productionslehre eine Nebenrolle spielte. Unsere Forstlehranstalten sind gegenwärtig noch in vorwiegendem Masse Schulen der Productionslehre. Anfänglich sehr bescheiden ausgestattet, wandten sie fast alle Mittel, welche ihnen später nach und nach zuflossen, auf den Unterricht in den Hülfswissenschaften, indem sie der an und für sich vollkommen begründeten Forderung nach einer eingehenderen Behandlung dieser Wissenschaften Rechnung trugen. Der Herausgeber will hier nicht untersuchen, ob die Staatskassen es erlauben werden, in dieser Richtung, welche schliesslich dazu führen muss, die Forstlehranstalten zu kleinen Universitäten zu erweitern, fortzufahren, und ob es nicht vortheilhafter gewesen wäre, den Unterricht in den reinen Hülfswissenschaften anderen, bereits bestehenden, Bildungsanstalten zu übertragen, dagegen den Forstlehranstalten nur die Unterweisung in den angewandten Hülfswissenschaften zu belassen. Er begnügt sich, darauf aufmerksam zu machen, dass das Forstfach bei dieser Begünstigung der Hülfswissenschaften zu kurz gekommen ist. An fast allen Forstlehranstalten ist die Zahl der Lehrer des Forstwesens seit langer Zeit konstant die zwei geblieben, welche sie an manchen Anstalten dieser Art schon vor mehr als 40 Jahren war. Da mittlerweile auch die Productionslehre an Umfang zunahm, so hätte man schon früher die Zahl der forstlichen Lehrer vermehren sollen. Dies geschah, wie gesagt, fast nirgends, und diese Versäumniss verschuldet es grossentheils, dass jetzt aussergewöhnliche Mittel für Untersuchungen und Versuche zur Deckung eines grossen wissenschaftlichen Defizits aufgebracht werden müssen. Man wird aber nicht darauf rechnen dürfen, dasselbe jemals vollständig zu tilgen, wenn die nämlichen Lehrer, welche seither keine hinreichende Zeit für das Versuchswesen fanden, auch noch die weitere Ausbildung der Gewerbslehre und insbesondere der Statik übernehmen sollen.

Auch die Verschiedenartigkeit der bezüglichen Hülfswissenschaften setzt der Vereinigung von Theilen der Productionslehre und der Gewerbslehre in der Hand eines Lehrers grosse Hindernisse entgegen, indem erstere vorzugsweise auf den Naturwissenschaften, letztere auf der allgemeinen Wirthschaftslehre und der Mathematik fusst. Hält es nun schon an sich schwer, mit allen diesen Hülfswissenschaften vertraut zu werden, so muss der Lehrer vollends darauf verzichten, den Fortschritten derselben zu folgen, wenn er gleichzeitig auch noch ein anderes Fach als Hauptfach zu pflegen hat.

Vermehrung der forstlichen Lehrkräfte und Trennung des Unterrichtes in der Gewerbslehre von demjenigen in der Productionslehre sind die unerlässlichen Bedingungen für eine raschere Entwicklung sowohl der Statik als auch aller übrigen Theile der Forstwissenschaft.

Münden, im Mai 1871.

Der Herausgeber.

Vorbemerkungen zur I. Abtheilung.

Die vorliegende I. Abtheilung des Handbuchs ist im Wesentlichen eine Umarbeitung und Erweiterung des Abschnittes „Zur forstlichen Statik" in der von dem Verfasser vor sechs Jahren veröffentlichten „Anleitung zur Waldwerthrechnung". Diejenigen Leser, welche sich die Mühe nehmen wollen, die „Methoden der forstlichen Rentabilitätsrechnung" mit jener früheren Arbeit zu vergleichen, werden dem Verfasser das Zeugniss gewiss nicht versagen, dass derselbe mittlerweile bestrebt gewesen ist, nicht blos seine eigenen Anschauungen zu berichtigen und zu erweitern, sondern auch seinen Vortrag dem Bedürfnisse des Anfängers möglichst anzupassen. Um den letztgenannten Zweck in noch höherem Grade zu erreichen, hat der Verfasser alle diejenigen mathematischen Sätze, welche für das erste Verständniss nicht absolut erforderlich sind, in Noten verwiesen, welche vom Texte räumlich scharf getrennt und als Anhang beigefügt wurden. Der Anfänger mag dieselben so lange unberücksichtigt lassen, bis er des Textes mächtig geworden ist; dann freilich wird er die Noten nachholen müssen, wenn er Anspruch erheben will, in das Wesen der Sache vollständig eingedrungen zu sein und Rentabilitätsrechnungen mit Sicherheit vornehmen zu können. — Die in dem II. Abschnitt durchgeführte Behandlung einiger Hauptfälle der Statik wird ausreichen, um die Anwendung der im I. Abschnitt entwickelten allgemeinen Regeln zu läutern. Von der Aufstellung und Lösung weiterer Aufgaben, welche Mancher vielleicht gerne gesehen hätte, um vorkommende Rechnungen an dieselbe anlehnen zu können, hat der Verfasser Abstand genommen, weil die Probleme der Statik doch selten in der nämlichen Form wiederkehren und daher die Benutzung von Schablonen nicht vor Fehlern schützt. Ausdrücklich verwahrt sich der Verfasser gegen Folgerungen, welche aus den von ihm mitgetheilten Zahlenbeispielen für die Praxis gezogen werden könnten. Diese Beispiele sind lediglich zur Uebung des Anfängers bestimmt; die Wahl der Zahlen fand häufig nur mit Rücksicht auf bequeme

Rechnungsführung statt. Nach dem Plane des vorliegenden Werkes sollen erst in der III. Abtheilung solche statische Rechnungen ausgeführt werden, deren Resultate für die Beurtheilung der einträglichsten Wirthschaftsverfahren verwendbar sind. — Die beigefügten Zinstafeln sind der oben erwähnten „Anleitung zur Waldwerthrechnung" entlehnt. Da sie durch wiederholte Berechnung möglichst richtig gestellt und mit einer Erweiterung versehen wurden, welche die Erreichung einer gleichmässigen Genauigkeit gewährleistet, so werden sie auch den Besitzern des letztgenannten Buches nicht unwillkommen sein.

Bei der Bearbeitung der Lehre von den Methoden der forstlichen Rentabilitätsrechnung wurde der Verfasser durch die Absicht geleitet, sämmtliche Aufgaben der Statik unter den Gesichtspunkt des wirthschaftlichen Vortheils zu bringen, allgemeine Regeln zur Lösung derselben zu begründen und den Kalkul vollständig zu klären. Und da der Verfasser überzeugt ist, dass ein durchgreifendes Verständniss wissenschaftlicher Resultate nur dann erzielt wird, wenn man die Wege kennen lernt, auf welchen dieselben gewonnen wurden, so hat er es sich angelegen sein lassen, die vorhandenen statischen Theorien nach dem Gange ihrer geschichtlichen Entwickelung zu schildern. Er hofft hierdurch zugleich dem weit verbreiteten Vorurtheile zu begegnen, als ob die forstliche Statik, an deren Ausbau sich doch schon so viele hervorragende Forstwirthe betheiligt haben, das Werk einiger wenigen Neuerungssüchtigen sei. Die zahlreichen Zitate in der vorliegenden Schrift werden beweisen, dass der Verfasser ernstlich bemüht war, die Quellen der Statik ausfindig zu machen; sollte nichts desto weniger die eine oder die andere von ihm übersehen worden sein, so wird er freundliche Hindeutungen auf dieselben mit Dank entgegennehmen. Wenn der Leser berücksichtigt, dass unsere Schrift in Bezug auf die geschichtliche Darstellung der Methoden der Rentabilitätsrechnung und der Theorie der Umtriebszeit ohne Vorgänger ist, so wird er sicherlich Nachsicht haben mit den Schwächen, an welchen dieses wie jedes Erstlingswerk leidet.

Münden, im Mai 1871.

Der Verfasser.

Inhaltsverzeichniss.

Einleitung.

Begriff, Eintheilung, Nomenclatur, Geschichte und Literatur der forstlichen Statik S. 1.

Erste Abtheilung.

Die Methoden der forstlichen Rentabilitätsrechnung.

Noten.

Note 1 zu Seite 17.

Darstellung der Formel für die laufend-jährliche Verzinsung unter der
Voraussetzung, dass man in den Productionsfonds statt c das Kulturkostenkapital aufnimmt. Von dem Verfasser. . . . . S. 109

Note 2 zu Seite 17.

Gestaltung der laufend-jährlichen Verzinsung für den Fall, dass man in
den Productionsfonds nicht den Kapitalwerth des Bodens und der jährlichen
Kosten, sondern nur die (zu prolongirenden) m maligen Bodenrenten und
jährlichen Kosten aufnimmt. Von dem Verfasser . . . . S. 109

Note 3 zu Seite 17.

Herleitung des Prozentes der laufend-jährlichen Verzinsung aus dem
Bestandswerthszuwachse mehrerer Jahre. Von dem Verfasser. . . S. 110

Note 4 zu Seite 17.

Entwicklung des Prozentes der laufend-jährlichen Verzinsung des Productionsaufwandes beim jährlichen Betriebe. Von dem Verfasser. . S. 112

Note 5 zu Seite 18.

Einige andere Anschauungen über gleichmässige Verzinsung des Productionskapitals. Von dem Verfasser . . . . S. 113

Note 6 zu Seite 22.

Beweis des Satzes, dass die finanzielle Umtriebszeit bei Zugrundelegung
eines kleineren Zinsfusses später eintritt als bei Annahme eines grösseren.
Von v. Seckendorff . . . . S. 115

Note 7 zu Seite 22.

Eine scheinbare Ausnahme von der Regel, dass der Unternehmergewinn beim aussetzenden Betriebe dem Unternehmergewinn beim jährlichen Betriebe gleich ist. Von dem Verfasser . . . . S. 117

Note 8 zu Seite 27.

Beweis, dass der Ausdruck $p = \dfrac{\left(B_x + V + \dfrac{c \cdot 1{,}0p^x}{1{,}0p^x - 1}\right)p}{B + V + \dfrac{c \cdot 1{,}0p^x}{1{,}0p^x - 1}}$ nur dann bei

der Umtriebszeit des grössten Boden-Erwartungswerthes kulminirt, wenn $B = B_u$ gesetzt wird. Von J. Lehr . . . . S. 119

Note 9 zu Seite 28.

Beweis des Satzes, dass bei dem aussetzenden Betriebe ein Ueberschuss an Productionskapital, welcher einer niederen Umtriebszeit als derjenigen des grössten Boden-Erwartungswerthes zukommt, zu weniger als p Prozent sich verzinst, dass dagegen ein derartiger Ueberschuss, wenn er der Umtriebszeit des grössten Boden-Erwartungswerthes angehört, mehr als p Prozent liefert. Von dem Verfasser. . . . . S. 120

Note 10 zu Seite 30.

Gestaltung der laufend-jährlichen Verzinsung des Productionsaufwandes unter der Voraussetzung, dass der Productionsfonds im Jahre o nur aus dem Bodenwerthe besteht. Von dem Verfasser. . . . . S. 121

Note 11 zu Seite 30.

Gestaltung der durchschnittlich-jährlichen Verzinsung des Productionskapitals unter der Voraussetzung, dass das Productionskapital nur aus dem Bodenwerthe besteht. Von dem Verfasser. . . . . S. 123

Note 12 zu Seite 36.

Beweis des Satzes, dass das Prozent der laufend-jährlichen Verzinsung auch in dem Falle, wenn in der Formel

$$p_1 = \frac{(A_{m+1} - A_m)\,100}{IK_m + B + V}$$

anstatt des Bestands-Kostenwerthes der Bestands-Verbrauchswerth gesetzt wird, für die auf die Umtriebszeit des grössten Boden-Erwartungswerthes folgenden Bestandsalter den Betrag von p nicht erreicht. Von v. Seckendorff . . . . S. 125

Note 13 zu Seite 43.

Beweis des Satzes, dass der durchschnittlich-jährliche Zuwachs in dem Zeitpunkte, in welchem er sein Maximum erreicht, gleich dem laufendjährlichen Zuwachse ist. Von J. Lehr und dem Verfasser . . . . S. 126

Note 14 zu Seite 45.

Ueber den Einfluss der Erträge und Productionskosten auf die Höhe der finanziellen Umtriebszeit. Von J. Lehr . . . . S. 128

Tabellen.

Einleitung.

I. **Begriff.** Unter forstlicher Statik verstehen wir die Rentabilitäts-berechnung forstlicher Wirthschaftsverfahren. Da die Rentabilität eines Unternehmens sich durch das Verhältniss des Ertrages zu dem Productionsaufwande ausdrückt, so hat hiernach die forstliche Statik zu untersuchen, ob und in wie weit ein Wirthschaftsverfahren durch seinen Ertrag die aufgewendeten Kosten lohnt.

Häufig bieten sich zur Erreichung eines und desselben Wirth-schaftszweckes verschiedene Verfahren dar*). Die Statik leitet alsdann zur Auswahl des vortheilhaftesten Verfahrens an, indem sie dasjenige ausfindig macht, welches den grössten Ertragsüberschuss gewährt.

II. **Eintheilung.** Nach Vorstehendem hat sich die forstliche Statik zu befassen:

1) Mit der Ermittlung des Verfahrens zur Vergleichung des Ertrages und des Productionsaufwandes. (**Methoden der Rentabilitätsrechnung.**)

2) Mit der Erhebung der Erträge und Productionskosten. Kenntniss dieser beiden Factoren erlangt man:

a) durch die in der forstwissenschaftlichen Literatur niedergelegten Angaben;

b) durch besonders vorzunehmende (sog. forststatische) Untersuchungen und Versuche**).

Das Resultat dieser Erhebung bildet die **Statistik der Erträge und Productionskosten.**

3) Mit der wirklichen Bemessung bez. Vergleichung der Effecte von Wirthschaftsverfahren, insbesondere auf Grund des unter 2) erwähnten Materials. (**Angewandte Statik.**)

---

*) Beispiele: Man kann den Boden mitunter sowohl land- als forstwirth-schaftlich benutzen, die eine oder die andere Holzart anbauen, die Cultur mittelst Saat oder Pflanzung, mit jüngeren oder älteren Setzlingen bewirken etc.

**) Versuche leitet man ein, indem man die Bedingungen eines Wirth-schaltsverfahrens eigens zum Zwecke der Untersuchung herstellt.

III. Zur Nomenclatur, Geschichte und Literatur der forstlichen Statik.

1) Das Wort Statik stammt aus dem Griechischen; ἡ στατική (sc. τέχνη) — abgeleitet von dem Zeitwort ἵστημι = ich stelle, stelle auf die Wage, wäge ab — bedeutet die Kunst des Wägens, die Lehre vom Gleichgewicht. Der Physiker versteht unter Statik die Lehre vom Gleichgewicht der Kräfte*), der Landwirth, nach dem Vorgange von Wulffen's**), die Beziehungen zwischen der Erschöpfung des Bodens durch die Erndten und dem Ersatz der angegriffenen Bodenkraft durch Düngung. Hundeshagen deutete bereits 1826 in seiner „Forstabschätzung" das Bedürfniss an, auch in das System der Forstwissenschaft eine Statik aufzunehmen, führte letztere aber erst 1828 in dem II. Theile der zweiten Auflage seiner „Encyklopädie der Forstwissenschaft" aus. Er charakterisirt die Statik einmal als den „Inbegriff aller, den Erfolg (Ertrag, Einkommen etc.) bestimmenden endlichen Ursachen, sowie aller denselben bemessenden Verhältnisszahlen", zum Andern als „die Messkunst der forstlichen Kräfte und Erfolge". Diese beiden Definitionen sind jedoch nicht gleichbedeutend, denn nach der ersten wäre die Statik mehr eine Statistik der Erträge und Productionskosten, nach der zweiten eine Anleitung zur Bemessung theils dieser Factoren des Einkommens, theils des letzteren selbst. Als Gegenstände der Statik bezeichnet Hundeshagen von vorn herein den Ertrag und Productionsaufwand; bei der nun folgenden Bearbeitung dieser Disciplin fügt er jedoch noch das wichtige Kapitel „von den forstlichen Reinerträgen" hinzu. Die Methoden zur Vergleichung von Ertrag und Productionsaufwand handelt er in der Waldwerthrechnung ab; wirkliche Vergleichungen von Wirthschaftsverfahren nimmt er theils ebendaselbst, theils in einem auf die „Statik" folgenden, jedoch von derselben scharf gesonderten Abschnitt mit dem Titel „Wirthschafts-Systeme" vor.

Carl Heyer behält die Hundeshagen'sche Definition bei***). Er verweist das Verfahren zur Vergleichung des Ertrages mit dem Productionsaufwande gleichfalls in die Waldwerthrechnung, will aber die Untersuchung der Wirkungbemessung der bei dem Wirthschaftsbetriebe thätigen einfachen und zusammengesetzten Kräfte auf die Hauptoperationen jenes Betriebes, wie z. B. auf die verschiedenen Holz-, Betriebs- und Waldbehandlungsarten, Umtriebszeiten, Cultur-, Erndte- und Veredlungsmethoden ausgedehnt wissen.

---

*) S. z. B. Ettingshausen's Physik, Seite 67.
**) Mögliner Annalen, 1818.
***) Anleitung zu forststatischen Untersuchungen, 1846, S. 4.

Pressler*) verwirft den Ausdruck forstliche Statik, weil sich dieselbe sowohl dem etymologischen Sinne als dem allgemeinen wissenschaftlichen Sprachgebrauche nach nur mit den Gesetzen und Bedingungen des Gleichgewichtes zwischen der waldbaulichen Boden-Erschöpfung und Bereicherung, zwischen forstlichem Etat und Ersatz (oder Zuwachs) u. dergl. zu befassen habe. Dieser Einwand wäre jedoch nur dann begründet, wenn die Verbindlichkeit vorläge, die forstliche Statik im Sinne der landwirthschaftlichen zu nehmen. Man kann indessen auf den ursprünglichen Begriff zurückgehen, nach welchem Statik die Lehre vom Gleichgewicht bedeutet, wobei jedoch die zu vergleichenden Grössen beliebig gewählt werden dürfen. Stichhaltiger wäre der Einwurf, dass die forstliche Statik sich weniger mit der Ermittlung des Gleichgewichtes als des Ueberschusses des Ertrages über die Productionskosten beschäftige, ja sogar die Bedingungen zu erforschen habe, unter welchen ein Maximum des Ueberschusses erfolgt.

Pressler handelt sowohl die Rentabilitätsrechnung als die angewandte Statik unter dem Titel „Waldbau des höchsten Ertrages" oder auch „Reinertrags-Forstwirthschaft" ab. Wir halten diese Bezeichnung nicht für zweckmässig, weil, wie Pressler selbst bemerkt**), das Wort Reinertrag so vieldeutig ist, dass dasselbe ebenfalls einer Definition bedarf. Dies gilt in noch höherem Masse von dem Worte Ertrag.

Nach Kraft***) besteht die Aufgabe der Statik in der Prüfung der Frage, wie auf Grund von Rentabilitätsberechnungen der forstliche Betrieb zu regeln sei. Kraft nimmt die Statik für gleichbedeutend mit der forstlichen Gewerbslehre, mithin in so weit grösserem Umfange als Hundeshagen, bei welchem die Statik nur einen Theil der Gewerbslehre ausmacht. — Neuerdings†) versteht Kraft unter Statik die Ermittlung, Zusammenstellung und wissenschaftliche Erörterung forstwissenschaftlicher Erfahrungsgrössen.

Aus Vorstehendem ergibt sich, dass man die Nothwendigkeit erkannt hat, das Verhältniss des Ertrages zu dem Productionsaufwande der Wälder zu untersuchen und zu dem Ende sowohl die Grösse der Erträge und Productionskosten zu erforschen, als auch das Verfahren zur Vergleichung dieser beiden Factoren ausfindig zu machen. Meinungsverschiedenheiten bestehen nur darüber, mit welchem Namen man diese Materien zu belegen und ob man die Lehre von den Methoden zur Vergleichung des Ertrages mit dem

---

*) Kritische Blätter von Nördlinger, 44. Band, 1. Heft, S. 206.
**) Der rationelle Waldwirth, II., 85.
***) Nördlinger's kritische Blätter, 49. Band, 2. Heft, S. 148.
†) Dieselben, 52. Band, 2. Heft, S. 115.

Productionsaufwande der Waldwerthrechnung zuzuweisen oder zugleich mit denAnwendungen vorzutragen habe.

Da der Name „forstliche Statik“ sich einmal eingebürgert hat*), so empfiehlt es sich, an ihm festzuhalten, auch wenn die Statik in ihrer Anwendung auf das Forstwesen der ursprünglichen Bedeutung des Wortes nicht mehr ganz entsprechen sollte. Ferner erachten wir es für rathsam, dass man, dem Beispiele Pressler's folgend, die Methoden zur Vergleichung des Productionsaufwandes mit dem Ertrag von den Anwendungen derselben nicht trenne. Beide gehören der Natur der Sache nach zusammen. Für die Abzweigung der Rentabilitätsrechnung von der Waldwerthrechnung spricht insbesondere noch der Umstand, dass die letztere sich einheitlicher gestaltet, wenn sie sich blos mit der Ermittlung des Waldwerthes (Boden- und Bestandswerthes) und der Waldrente zu befassen hat. Was den Umfang der angewandten Statik anlangt, so stimmen wir dafür, dieselbe auf die Vergleichung einzelner Wirthschaftsverfahren zu beschränken und es der Gewerbslehre zu überlassen, von den gewonnenen Resultaten gehörigen Orts Gebrauch zu machen.

2) Als Begründer der Lehre von den Methoden der Rentabilitätsrechnung ist Hundeshagen zu betrachten. Die Verfahren, welche er zur Vergleichung des Ertrags mit den Productionskosten anwandte, sind im Wesentlichen dieselben, welche wir noch heute benutzen. Weiterhin wurde diese Lehre ausgebildet von König**), Faustmann***), Pressler†), Kraft††), Judeich†††), Schlich*†), v. Seckendorff**†), Lehr***†) u. A. Pressler'n insbesondere gebührt das Verdienst, die forstliche Statik nicht blos

---

*) Beispielsweise führen wir an, dass schon vor Jahren auf den Forstlehranstalten zu Carlsruhe, Giessen und Melsungen „Forststatik“ gelesen wurde und dass dieselbe seit 1868 auch in den Lehrplan der Preussischen Forstakademien aufgenommen ist.

**) Forstmathematik, 2. Auflage, 1842.

***) v. Wedekind's Neue Jahrbücher der Forstkunde, 2. Folge, III, 4.

†) Der rationelle Waldwirth und sein Waldbau des höchsten Ertrages. 1—5. Heft, 1858—1865. Das Gesetz der Stammbildung, 1865.

††) Zur forstlichen Statik und Waldwerthberechnung. Allgemeine Forst- und Jagd-Zeitung, 1865, S. 167.

†††) Tharander Jahrbuch, von 1866 an.

*†) Die Nutzung des Vorrathsüberschusses. Allg. Forst- und Jagd-Zeitung, 1866, S. 217.

**†) Beiträge zur Waldwerthrechnung und forstlichen Statik. Supplemente zur Allgem. Forst- und Jagd-Zeitung, 6. Band, 3. Heft, S. 151.

***†) Ueber einige vermeintliche Unterschiede zwischen dem aussetzenden und jährlichen Betrieb. Allg. Forst- und Jagd-Zeitung, 1871, S. 1.

in materieller Beziehung gefördert, sondern auch das forstliche Publikum zum Studium dieses wichtigen Theiles der Forstwissenschaft angeregt zu haben. Zur Klärung der Statik trug auch die gegen Pressler gerichtete Polemik bei, welche theils in Monographien, theils in Zeitschriften auftrat*).

3) Das Bedürfniss nach einer kritischen Zusammenstellung der in der Literatur niedergelegten Angaben über Erträge und Productionskosten hat sich zwar schon oft ausgesprochen**), thatsächlich aber noch keine Erledigung gefunden.

4) Es ist selbstverständlich, dass einzelne Untersuchungen über Erträge und Productionskosten schon vorgenommen und veröffentlicht wurden, bevor man noch an eine Benutzung derselben zu statischen Zwecken dachte. Nachdem aber Hundeshagen gezeigt hatte, welche Wichtigkeit die Bemessung des Einkommens für die Auswahl der Wirthschaftsmethoden besitzt, gelangte man auch zu der Erkenntniss, dass es nöthig sei, forststatische Untersuchungen in grösserer Zahl und in grösserem Umfange anzustellen. Man setzte zu dem Ende Preise auf die Lösung von forststatischen Fragen aus***), forderte die bestehenden Vereine auf, Untersuchungen über die Ertragsfähigkeit der Wälder an Haupt- und Nebennutzungen einen Hauptzweig ihrer Wirksamkeit ausmachen zu lassen, schlug die Bildung von besonderen forststatischen Vereinen vor†) und ging die Forstdirectivbehörden der deutschen Staaten um Vornahme und Anordnung von Versuchen, sowie um Unterstützung derjenigen Privaten, welche sich statischen Untersuchungen widmen würden, an††). Indessen hatten diese Bestrebungen längere Zeit hindurch nur geringen Erfolg. Die wenigen Preisfragen, welche man aufgestellt hatte, wurden nicht gelöst, fanden sogar zumeist nicht einmal einen Bewerber; die bestehenden Vereine zeigten sich nicht geneigt, aus dem Kreise ihrer gewohnten Thätigkeit herauszutreten

---

*) Von Monographien nennen wir: Robert und Julius Micklitz, Beleuchtung des rationellen Waldwirths, 1861; Boso, Beiträge zur Waldwerthberechnung, 1863; Braun, der sogenannte rationelle Waldwirth, 1865.

**) v. Wedekind's Neue Jahrbücher der Forstkunde, I, 51. Allgem. Forst- und Jagd-Zeitung, 1857, S. 405.

***) Allgem. Forst- und Jagd-Zeitung, 1826, S. 98. v. Wedekind's Neue Jahrbücher der Forstkunde, XXXI, 86.

†) Carl Heyer, Aufruf zur Bildung eines forststatischen Vereins, gerichtet an die Versammlung der süddeutschen Forstwirthe zu Darmstadt auf Pfingsten 1845. (Abgedruckt in v. Wedekind's Neuen Jahrbüchern der Forstkunde, XXX, 127.)

††) v. Wedekind's Neue Jahrbücher der Forstkunde, XVII, 73.

und ihr Programm zu Gunsten des Untersuchungswesens zu ändern*);
besondere forststatische Vereine kamen nicht zu Stande; die von
Forstdirectivbehörden vorgenommenen Untersuchungen beschränkten
sich in überwiegendem Masse auf die Beschaffung von Taxations-
hülfen für den eigenen Forsthaushalt**); auch von Privaten wurde
verhältnissmässig sehr weniges Material aufgebracht***), vermuthlich,
weil es denselben an den Mitteln zur Bestreitung der mit den Untersuchungen verknüpften Kosten fehlte und Unterstützungen aus der
Staatskasse nicht in Aussicht gestellt waren. Erst vom Jahre 1860 an
entfalteten die Regierungen einiger Staaten, wie z. B. diejenigen von
Bayern, Königreich Sachsen, Preussen etc. eine grössere Regsamkeit
auf dem fraglichen Gebiete, indem sie comparative Untersuchungen
über die Entwicklung verschiedener Holzarten unter verschiedenen
Anbauverhältnissen, über die Wirkungen der Durchforstungen, über
den Einfluss der Streunutzung auf den Holzwuchs etc. anordneten.
Mittlerweile hatte sich jedoch das Bedürfniss nach umfassenden forststatischen Untersuchungen, sowie nach einer Organisation des Ver-
suchswesens immer lauter kund gegeben†) und endlich auf der
Versammlung der deutschen Land- und Forstwirthe zu Wien (August
1868) einen bestimmten Ausdruck gefunden, indem dort die Er-
wählung eines Ausschusses beschlossen wurde, welcher einen
Plan für das forstliche Versuchswesen entwerfen sollte. Dieser
Ausschuss tagte im November desselben Jahres zu Regensburg. Die

---

*) Eine vorübergehende Ausnahme machte die Versammlung der süd-
deutschen Forstwirthe zu Darmstadt (1845). Siehe v. Wedekind's Neue Jahrbücher der Forstkunde, 30. Heft, sowie Seite 304—306 der Allgem. Forst- und
Jagd-Zeitung von 1869.

**) Hierher gehören u. A.: „Erfahrungen über die Holzhaltigkeit ge-
schlossener Waldbestände, über die Derbräume der Holzmaasse etc., gesammelt
bei der Waldabschätzung im Grossherzogthum Baden“, 1838, 1840, 1862, 1865;
„Massentafeln zur Bestimmung des Inhaltes der vorzüglichsten deutschen Wald-
bäume, bearbeitet im Forsteinrichtungsbureau des K. Bayerischen Finanzministe-
riums“, 1846. — In Baden liess die Forst-Domänen-Direction von 1843 an eine
grössere Zahl von Probeflächen zur Untersuchung des Holzzuwachses festlegen.

***) Von Leistungen der Privaten sind hervorzuheben: Th. Hartig, ver-
gleichende Untersuchungen über den Ertrag der Rothbuche, 1847, Burckhardt,
Hülfstafeln für Forsttaxatoren, 1861. Eine „Anleitung zu forststatischen Untersuchungen“ gab C. Heyer 1846 heraus (siehe Seite 2).

†) Ebermayer: Ueber forstliche Versuchsstationen (Zeitschrift des landwirthschaftlichen Vereins in Bayern 1861, S. 370). Pressler: Aufforderung
zu forstlichen Versuchsstationen (das Gesetz der Stammbildung, 1865, S. 61).
Gayer: Ueber forstliche Versuchsstationen, insbesondere in Bayern (Monatsschrift für das Forst- und Jagdwesen von Baur, 67, S. 201). Baur: Ueber
forstliche Versuchsstationen, 1868.

Lebhaftigkeit, mit welcher die Vorschläge desselben*) gegenwärtig in grösseren Kreisen des forstlichen Publikums discutirt werden, und das ernstliche Interesse, welches die Forstdirectivbehörden vieler Staaten für die Vornahme forststatischer und sonstiger wissenschaftlichen Untersuchungen nunmehr an den Tag legen, lassen mit Sicherheit erwarten, dass das so lange Angestrebte jetzt endlich zur That werden wird**).

5) Wirkliche Vergleichungen der Effecte von Wirthschaftsverfahren auf Grund des Verhältnisses zwischen Ertrag und Productionsaufwand hat wieder zuerst Hundeshagen in seiner Forstabschätzung von 1826, sowie in seiner Encyklopädie der Forstwissenschaft (II. Aufl. von 1828, hier in den Kapiteln „Wirthschafts-Systeme", S. 72, und „forstliche Nutzanschläge", S. 297) vorgenommen. Er behandelte insbesondere die Wahl der Holzart, Betriebsart und Umtriebszeit. Später beschäftigten sich Pressler***), Faustmann***), Burckhardt†) u. A. mit diesen und einigen andern Problemen und unter Zuhülfenahme von exacteren und eleganteren Vergleichungsmethoden. Bei dem Mangel an positivem Material konnten diese Schriftsteller jedoch nur einen verhältnissmässig kleinen Theil des vorliegenden Gebietes bearbeiten. Ein Ausbau der angewandten Statik in grösserem Massstabe darf erst dann erwartet werden, wenn die Statistik der Erträge und Productionskosten für die Beschaffung der nothwendigen Rechnungsunterlagen gesorgt hat.

---

*) Abgedruckt Seite 476 der Allgem. Forst- und Jagd-Zeitung von 1868.

**) Eine Zusammenstellung der bis jetzt vorgeschlagenen und versuchten Organisationspläne findet man in der vorerwähnten Schrift von Baur, sowie Seite 300 ff. der Allgem. Forst- und Jagd-Zeitung v. 1869.

***) A. a. O.

†) Der Waldwerth in Beziehung auf Veräusserung, Auseinandersetzung und Entschädigung, 1860.

Erste Abtheilung.

Die Methoden der forstlichen Rentabilitätsrechnung.

I. Abschnitt.

Die Methoden der forstlichen Rentabilitätsrechnung im Allgemeinen.

---

1. Kapitel.

Entwicklung der Methoden zur Vergleichung des Ertrages mit dem Productionsaufwande.

Die beiden Methoden der Rentabilitätsrechnung, welche wir in diesem Kapitel entwickeln und zur Vergleichung des Ertrages mit dem Productionsaufwande fortan stets neben einander anwenden werden, sind den Oeconomen schon lange bekannt (vergl. Rau, Volkswirthschaftslehre, 7. Ausgabe, § 237 und 238). Die Gewerbtreibenden pflegen von ihnen regelmässig Gebrauch zu machen. Um die Einträglichkeit eines Unternehmens zu ermitteln, untersuchen sie nämlich entweder die Grösse des Ueberschusses, welcher verbleibt, wenn man von dem rauhen Ertrage die Productionskosten abzieht, oder sie stellen das Prozent fest, zu welchem der Productionsaufwand sich verzinst.

Zur Vergleichung des Ertrages mit dem Productionsaufwande können folgende Methoden angewendet werden:

I. Bestimmung des Unternehmergewinns.

Man zieht sämmtliche Productionskosten von den Rauherträgen ab und findet in der Differenz den Unternehmergewinn.

1. Veranschlagung der Erträge und der Productionskosten.

A. **Aussetzender Betrieb.** Da bei diesem Betriebe die Erträge nicht zu der nämlichen Zeit eingehen, in welcher die Productionskosten verausgabt werden, so muss man beide auf gleiche Zeitpunkte reduciren. Zu diesem Zwecke kann man verschiedene Wege einschlagen:

a. **Berechnung des Vorwerthes.** Man discontirt die Erträge und Productionskosten, welche von jetzt an bis in die Unendlichkeit eingehen, bezw. zur Ausgabe gelangen, auf die Gegenwart.

Bezeichnet man mit A_u die im Jahre u erfolgende Haubarkeitsnutzung, mit D_a, ... D_q Vornutzungen, welche in den Jahren

$a, \ldots q$ eingehen, mit B den Boden-Kostenwerth, mit V das Kapital der jährlichen Kosten, mit c die Kulturkosten, welche jedesmal zu Anfang der Umtriebszeit verausgabt werden, mit C_u das Kulturkostenkapital $\dfrac{c \cdot 1, op^u}{1, op^u - 1}$, mit p das Prozent, so ist (siehe des Verfassers „Anleitung zur Waldwerthrechnung", Seite 38, Formel VIII, IX und X)

der Vorwerth der Erträge

$$\frac{A_u + D_a\,1,\,op^{u-a} + \ldots + D_q\,1,\,op^{u-q}}{1,\,op^u - 1}$$

und der Vorwerth der Productionskosten

$$B + V + C_u.$$

Ist für zwei Wirthschaftsverfahren, welche auf ihre Einträglichkeit verglichen werden sollen, die Umtriebszeit die gleiche, so braucht der Vorwerth der Erträge und Productionskosten nur für eine Umtriebszeit berechnet zu werden. Sind die Umtriebszeiten u und u verschieden, so würde es genügen, die Rechnung für den Zeitraum $u \times$ u zu stellen, nach dessen Ende die beiden Umtriebszeiten mit ihren Wiederholungen zusammentreffen. Die oben gewählte Ausdehnung der Rechnung auf einen unendlich grossen Zeitpunkt führt jedoch zu einem hinlänglich einfachen Ausdrucke und passt überdies für alle Fälle, so dass dieselbe insgemein angewendet zu werden verdient.

b. **Berechnung der jährlichen Rente.** Letztere leitet sich aus dem Vorwerthe her, indem man denselben mit o, op multiplizirt. Es ist also die jährliche Rente der Erträge

$$\left(\frac{A_u + D_a\,1,\,op^{u-a} + \ldots + D_q\,1,\,op^{u-q}}{1,\,op^u - 1} \right) o,\,op.$$

und die jährliche Rente der Productionskosten

$$(B + V + C_u)\,o,\,op$$

c. **Berechnung des Nachwerthes.** Unter diesem versteht man die Summe, auf welche m jährliche Renten nach Ablauf von m Jahren mit ihren Zinsen und Zinseszinsen anwachsen. Nach Formel IV, S. 37 der „Anleitung zur Waldwerthrechnung" ist bis zum Jahre m

der Nachwerth der Erträge

$$\left(\frac{A_u + D_a\,1,\,op^{u-a} + \ldots + D_q\,1,\,op^{u-q}}{1,\,op^u - 1} \right) (1,\,op^m - 1)$$

und der Nachwerth der Productionskosten

$$(B + V + C_u)\,(1,\,op^m - 1).$$

B. **Jährlicher Betrieb.** Bei diesem Betriebe kehren die Erträge und die Productionskosten jährlich in gleicher Grösse wieder. Die Erträge setzen sich zusammen aus

$$A_u + D_a + \ldots + D_q \,;$$

die Productionskosten bestehen aus den Interessen des Bodenwerthes + den Interessen des normalen Vorrathes + den jährlichen Kosten für Verwaltung, Schutz und Steuern + den Kulturkosten. Gelten $A_u + D_a + \ldots + D_q$ sowie B, V, c und N (mit welch' letzterem Buchstaben wir den Werth des normalen Vorrathes bezeichnen wollen) für eine Altersstufe, so ist der jährliche Productionsaufwand des vorgenannten Betriebs

$$(u B + u N + u V)\, o, op + c.\,.$$

2. Verhältniss zwischen Ertrag und Productionsaufwand.

A. Aussetzender Betrieb.

a. Wirthschaftliches Gleichgewicht findet statt, wenn die Summe der Erträge die Summe der auf den nämlichen Zeitpunkt reduzirten Kosten erreicht.

Nehmen wir beide Grössen als Vorwerthe in Rechnung, so erhalten wir die Gleichung

$$\frac{A_u + D_a\, 1, op^{u-a} + \ldots + D_q\, 1, op^{u-q}}{1, op^u - 1} = B + V + C_u.$$

Für die jährliche Rente und den Nachwerth ergibt sich das nämliche Resultat, weil o, op beziehungsweise $(1, op^m - 1)$ auf beiden Seiten der Gleichung sich streichen.

b. Ein positiver oder negativer Ueberschuss der Erträge über den Productionsaufwand findet statt, wenn

$$\frac{A_u + D_a\, 1, op^{u-a} + \ldots + D_q\, 1, op^{u-q}}{1, op^u - 1} \gtrless B + V + C_u.$$

c. Die Grösse des Ueberschusses ergibt sich im Vorwerth durch die Differenz

$$\frac{A_u + D_a\, 1, op^{u-a} + \ldots + D_q\, 1, op^{u-q}}{1, op^u - 1} - (B + V + C_u),$$

welche für die jährliche Rente mit o, op, für den Nachwerth mit $(1, op^m - 1)$ multiplizirt werden muss.

B. Jährlicher Betrieb.

a. Für diesen Betrieb findet Gleichgewicht zwischen den Erträgen und Productionskosten statt, wenn

$$A_u + D_a + \ldots + D_q = (u B + u N + u V)\, o, op + c;$$

b. ein positiver oder negativer Ueberschuss, wenn

$$A_u + D_a + \ldots + D_q \gtrless (u B + u N + u V)\, o, op + c$$

ist.

c. Die Grösse des Ueberschusses ergibt sich aus der Differenz

$$A_u + D_a + \ldots + D_q - [(u B + u N + u V) o, op + c)].$$

Sowohl bei dem aussetzenden, als bei dem jährlichen Betriebe stellt der Ueberschuss den Unternehmergewinn vor, wenn man mit letzterem den Unterschied zwischen den Erträgen und sämmtlichen Productionskosten bezeichnet.

Hierzu folgende Erläuterung. Die Einkünfte, welche sich aus dem Betriebe eines Gewerbes ergeben können, lassen sich nach Rau (a. a. O. § 139) unterscheiden in:

α) Arbeitslohn,

β) Grundrente,

γ) Kapitalrente,

δ) Unternehmungsgewinn oder Gewerbsverdienst. Letzteren definirt Rau (a. a. O. § 237) folgendermassen. „Was der Unternehmer nach Abzug aller Ausgaben (Gewerbskosten) als Belohnung für die Beschwerden, Mühen und Gefahren seiner Unternehmung übrig behält, ist der Gewerbsverdienst, *profit de l'entrepreneur*, nicht ganz angemessen Gewerbs- oder Unternehmergewinn genannt*). Bei diesem Einkommen kann kein vertragsmässiges Ausbedingen vorkommen, wie bei den drei anderen Zweigen der Einkünfte, weil es unmittelbar von dem Erfolge der Unternehmungen und dem Betrage der aufgewendeten Gewerbskosten bestimmt wird. Deshalb ist auch die Grösse dieses Einkommens der Gewerbsleute andern Personen am wenigsten bekannt und kann nur aus verschiedenen Kennzeichen annähernd vermuthet werden."

Roscher (die Grundlagen der Nationalökonomie, 6. Aufl., § 195) betrachtet den Unternehmergewinn nur als einen Theil des Arbeitslohnes, gibt aber zu, dass er sich insofern von allen Zweigen des Einkommens unterscheide, als er niemals ausbedungen werden könne. Dieser Unterschied scheint uns jedoch wichtig genug zu sein, um mit Rau den Unternehmergewinn als eine besondere Gattung des Einkommens gelten zu lassen.

3. Wahl des einträglichsten Wirthschaftsverfahrens.

In dem Rohertrag einer Wirthschaft können alle vier Arten von Einkünften enthalten sein, welche oben aufgeführt wurden; und zwar fallen die drei erstgenannten dem Unternehmer dann zu, wenn derselbe zugleich Eigenthümer des Bodens, sowie der in der Wirthschaft thätigen Kapitalien ist und die vorkommende Arbeit selbst verrichtet. Trifft die eine oder die andere dieser Unterstellungen nicht zu, so muss der Unternehmer den entsprechenden

---

*) Andere Oekonomen geben dem Ausdruck „Unternehmergewinn" den Vorzug. Vgl. v. Mangoldt: die Lehre vom Unternehmergewinn, 1855, S. 32.

Theil des Rohertrags demjenigen abgeben, welcher den Boden oder die Kapitalien herleiht oder die Arbeit verrichtet.

Ist der Unternehmergewinn gleich Null, so deckt der Rauhertrag nur die Grundrente, Vorrathsrente, den Arbeitslohn und die blossen Auslagen (wie z. B. Steuern); ist er negativ, so deutet dies an, dass ein Theil jener Einkünfte durch das Misslingen der Unternehmung absorbirt wird. Der Unternehmergewinn lässt also ganz genau den Grad des wirthschaftlichen Vortheils erkennen, mit welchem ein Gewerbe betrieben wird. Wir können deshalb den Satz aufstellen:

Von zweien Wirthschaftsverfahren ist dasjenige das einträglichere, welches den grösseren Unternehmergewinn liefert...... (*A*)

Der Unternehmergewinn ist ein allgemeiner, alle Fälle umfassender, Ausdruck zur Vergleichung der Rentabilität zweier Wirthschaftsverfahren. Unter gewissen Verhältnissen kann aber für den vorliegenden Zweck auch schon ein einfacherer Ausdruck genügen, weil solche Einnahmen und Ausgaben, welche in den Formeln des Unternehmergewinns der beiden Wirthschaftsverfahren mit den nämlichen Werthen erscheinen, gleich von vorn herein ausser Rechnung bleiben dürfen. So z. B. kann man den Bodenwerth dann vernachlässigen, wenn die Wirthschaftsverfahren, welche bezüglich ihrer Einträglichkeit geprüft werden sollen, auf dem nämlichen Standort zur Anwendung kommen. In diesem Falle bleibt als vergleichender Massstab für die Rentabilität jedes Verfahrens der Boden-Erwartungswerth, bezw. die Rente desselben, oder der Renten-Nachwerth übrig*).

Der Unterschied des Unternehmergewinns zweier Wirthschaftsverfahren gibt unmittelbar den Ueberschuss an, welchen das eine Verfahren gegenüber dem andern gewährt. Will man ausserdem die Grösse des Ertrages wissen, welcher durch eine etwaige Vermehrung des Productionsaufwandes erzielt wird, so bildet man

---

*) Aus Vorstehendem folgt zugleich, dass der Boden-Erwartungswerth weder der allgemeinste, noch der kürzeste Ausdruck zur Vergleichung der Rentabilität zweier wirthschaftlichen Unternehmungen ist. Denn angenommen, man habe die Wahl zwischen zweien Wäldern mit verschiedenen Bodenpreisen (pro Flächeneinheit), so wird man die Einträglichkeitsfrage nur dann correct lösen, wenn man die volle Formel des Unternehmergewinns anwendet. Dagegen kann man unter Umständen als Vergleichungs-Massstab noch einen kürzeren Ausdruck erhalten, als die Formel des Boden-Erwartungswerthes; so z. B. wenn zwei Wirthschaftsverfahren gleich viel an jährlichen Kosten verausgaben, oder wenn das Kulturkosten-Kapital beiderseits gleich ist.

einerseits den Unterschied Δ_1 der Erträge, anderseits den Unterschied Δ_2 der Productionsaufwände*). Ist $\Delta_1 = \Delta_2$, so findet
weder Gewinn noch Verlust statt**); ist Δ_1 grösser als Δ_2,
so bringt die Vermehrung Δ_2 des Productionsaufwandes
den Unternehmergewinn $\Delta_1 - \Delta_2$ zu Wege; ist Δ_1 kleiner
als Δ_2, so arbeitet die Wirthschaft mit Verlust..... (B)

II. Bestimmung der Verzinsung des Productionsaufwandes.

Die Verzinsung des Productionsaufwandes gibt das Verhältniss
an, in welchem der rauhe Jahresertrag zu dem Productionskapital steht.

Analog der Unterscheidung zwischen laufend-jährlichem und
durchschnittlich-jährlichem Holzzuwachs lässt sich auch die Verzinsung des Productionsaufwandes als laufend-jährliche und durchschnittlich-jährliche auffassen.

1. Herleitung der Verzinsungs-Formeln.

A. Laufend-jährliche Verzinsung.

a. Aussetzender Betrieb. Dividirt man die Grösse, um
welche der Werth eines Bestandes im Laufe irgend eines Jahres
zunimmt, durch die Summe, zu welcher der Productionsfonds bis zu
dem Anfange desselben Jahres aufgewachsen ist, so stellt der Quotient die laufend-jährliche Verzinsung des Productionsaufwandes
vor. Das Prozent erhält man, indem man diesen Quotienten mit
100 multiplizirt.

Bedeuten A_m, A_{m+1} die Verbrauchswerthe (siehe des Verfassers
„Anleitung zur Waldwerthrechnung", S. 3 u. 72) eines Bestandes
in den Jahren m, $m+1$, so ist $A_{m+1} - A_m$ die vom Jahre m bis
zum Jahre $m+1$ erfolgende Werthsmehrung desselben.

Um den Betrag des Productionsaufwandes zu Anfang des
Jahres m zu ermitteln, prolongirt man den im Jahre o vorhandenen Productionsfonds $B + V + c$ bis zum Jahre m und zieht von
diesem Nachwerthe die gleichfalls auf das Jahr m prolongirten
Werthe der mittlerweile eingegangenen Vornutzungserträge D_a,
$D_b \ldots$ ab. Man erhält so den entlasteten Productionsaufwand

$$(B + V + c)\, 1, op^m - (D_a\, 1,\, op^{m-a} + D_b\, 1,\, op^{m-b} + \ldots)$$

---

*) Für den aussetzenden Betrieb müssen beide auf gleiche Zeitpunkte re-
duzirt werden.

**) Nur in dem Falle, wenn dem Unternehmer überschüssige Kapitalien
oder Arbeitskräfte zur Verfügung stehen, kann ihm die Gelegenheit zur Vermehrung des Productionsaufwandes erwünscht sein, auch wenn hierdurch kein
Unternehmergewinn erzielt wird.

Es drückt sich somit das Verzinsungsprozent p_1 des Productionsaufwandes zu Anfang des Jahres m durch die Formel

$$p_1 = \frac{(A_{m+1} - A_m)\,100}{(B + V + c)\,1,\,op^m - (D_a\,1,\,op^{m-a} + D_b\,1,\,op^{m-b} + \ldots)}$$

aus.

Wie sich die Formel für das Prozent der laufend-jährlichen Verzinsung gestaltet, wenn man in den Productionsfonds vom Jahr o statt c das Kulturkostenkapital aufnimmt, ist aus Note 1 zu ersehen.

Note 2 zeigt, dass das Prozent der laufend-jährlichen Verzinsung sich nicht ändert, auch wenn man in dem Productionsfonds vom Jahre m nicht das prolongirte Kapital des Bodens und der jährlichen Kosten, sondern nur die prolongirte $m$malige Bodenrente und die prolongirten $m$maligen jährlichen Kosten anbringt.

In Note 3 ist angegeben, wie man das Prozent der laufend-jährlichen Verzinsung aus dem Bestandswerthzuwachse mehrerer Jahre herleitet.

b. Jährlicher Betrieb. Die laufend-jährliche Verzinsung dieses Betriebes stimmt mit der durchschnittlich-jährlichen Verzinsung überein, welche unter *B*, *b* behandelt werden wird.

Die Entwickelung der Formel für die laufend-jährliche Verzinsung des jährlichen Betriebes siehe Note 4.

B. Durchschnittlich-jährliche Verzinsung.

a. Aussetzender Betrieb. Unter 1) haben wir gesehen, wie der nach seinem Kostenaufwand veranschlagte Productionsfonds durch den laufend-jährlichen Werthzuwachs eines Bestandes von Jahr zu Jahr sich verzinst. Diese Verzinsung ist, wie sich aus dem Folgenden (s. II. Titel, I, 1) ergeben wird, eine ungleichmässige. Will man die gleichmässige jährliche Verzinsung wissen, so verwandelt man die innerhalb einer Umtriebszeit erfolgenden Rauherträge in eine jährliche (gleichgrosse) Rente und dividirt dieselbe durch das Kapital der Productionskosten. Multiplizirt man den gewonnenen Quotienten mit 100, so erhält man das Verzinsungsprozent, welches wir in der Folge mit p bezeichnen wollen.

Nach Formel XI und XII in Verfassers „Anleitung zur Waldwerthrechnung" S. 38, ist die jährliche Rauhertragsrente des aussetzenden Betriebes

$$= \left(\frac{A_u + D_a\,1,\,op^{u-a} + \ldots + D_q\,1,\,op^{u-q}}{1,\,op^u - 1} \right) 0,\,op.$$

Das Productionskapital ist

$$B + V + C_u.$$

Die Kulturkosten müssen hier im Productionsaufwande als Kapital

$$C_u = \frac{c\cdot 1,\,op^u}{1,\,op^u - 1}$$

erscheinen, weil nur diesem, nicht den einmaligen, in den Bestand übergehenden, Kulturkosten c eine jährliche Rente entspricht.

Das Prozent $\mathfrak{p}$ der durchschnittlich-jährlichen Verzinsung des Productionskapitales beim aussetzenden Betriebe ist sonach

$$\mathfrak{p} = \frac{\left(\dfrac{A_u + D_a\, 1,\, op^{u-a} + \ldots + D_q\, 1,\, op^{u-q}}{1,\, op^u - 1}\right) 0,\, op \cdot 100}{B + V + C_u}$$

b. Jährlicher Betrieb. Bei diesem ist der jährliche Rauhertrag $=$

$$A_u + D_a + \ldots D_q;$$

das Productionskapital $=$

$$uB + uN + uV + \frac{c}{0,\, op},$$

somit das Verzinsungsprozent

$$\mathfrak{p} = \frac{(A_u + D_a + \ldots + D_q)\, 100}{uB + uN + uV + \dfrac{c}{0,\, op}}$$

oder, wenn man den Werth des normalen Vorrathes als Kostenwerth (siehe S. 86 der „Anleitung zur Waldwerthrechnung") annimmt und die erforderlichen Reductionen ausführt,

$$\mathfrak{p} = \frac{(A_u + D_a + \ldots + D_q)\, p}{(B + V + C_u)\,(1,\, op^u - 1) - [D_u\,(1,\, op^{u-a} - 1) + \ldots + D_q\,(1,\, op^{u-q} - 1)]}$$

Einige andere Anschauungen über gleichmässige Verzinsung findet man in **Note 5** ausgeführt.

2. **Verhältniss zwischen Ertrag und Productionsaufwand.** Das Verzinsungsprozent gibt die Quantität des jährlichen Rauhertrages an, welche dem Productionskapital 100 zukommt.

Nennt man nun p dasjenige Prozent, zu welchem einestheils die Productionskapitalien beschafft, anderntheils die Erträge, welche man dem Walde entnimmt, verzinslich angelegt werden können, so zeigt der Unterschied zwischen dem Prozente der Verzinsung des Productionsaufwandes und dem Prozente p die Grösse des jährlichen Unternehmergewinnes an, welcher sich für die Kapitalmenge 100 berechnet. Er kann positiv, negativ oder Null sein. Im letzten Falle findet wirthschaftliches Gleichgewicht (mithin weder Verlust noch Gewinn) statt*), während ein negativer Unternehmergewinn gleichbedeutend mit Verlust ist.

Die Untersuchung des Prozentes der Verzinsung des Productionsaufwandes bietet also ebenfalls ein Mittel zur Bestimmung des Unternehmergewinnes dar.

---

*) Siehe übrigens auch die Note **) auf Seite 16.

Dasselbe unterscheidet sich jedoch von dem unter I. vorgetragenen in Folgendem:

a. das Prozent der Verzinsung des Productionsaufwandes lehrt ausschliesslich den jährlichen Unternehmergewinn kennen;

b. es gibt denselben nicht direct, sondern erst nach Abzug von *p* Prozenteinheiten an, welche die auf jenes Prozent entfallenden jährlichen Productionskosten beziffern;

c. es wirft den Unternehmergewinn nicht im Ganzen, sondern für das Productionskapital 100 aus.

3. Wahl des einträglichsten Wirthschaftsverfahrens.

Auf Grundlage des unter 2. Enthaltenen lässt sich folgender Satz aufstellen:

Von zweien Wirthschaftsverfahren, welche gleichen Productionsaufwand erfordern, ist dasjenige das einträglichere, welches die grössere Verzinsung des Productionsaufwandes liefert......(A)

Sind die Productionskapitalien zweier Wirthschaftsverfahren verschieden, so kann dasjenige, welchem die grössere Verzinsung zukommt, nicht unbedingt für das einträglichere gelten, weil der Gesammtgewinn nicht blos von der Höhe der Verzinsung, sondern auch von der Grösse des productiven Kapitals abhängig ist. Um zu beurtheilen, ob eine Vermehrung $\triangle_4$ des Productionskapitales sich verlohnt, ermittelt man das Verzinsungsprozent von $\triangle_4$, indem man $\triangle_4$ in den Unterschied $\triangle_3$ der Ertragsrenten dividirt und den Quotienten mit 100 multiplizirt. Ist dieses Prozent gleich dem der Rechnung unterlegten Wirthschaftsprozent *p*, so halten sich Ertrag und Kosten das Gleichgewicht; ist ersteres grösser, so findet Gewinn statt, und es stellt sich dann dasjenige Wirthschaftsverfahren, welches das grössere Productionskapital erfordert, als das einträglichere dar. . (*B*)

Sollen zwei Wirthschaftsverfahren mittelst der laufend-jährlichen Verzinsung auf ihren Effect verglichen werden, so darf man dasjenige, welches in einem einzelnen Jahre das grössere Prozent liefert, nur dann für das einträglichere halten, wenn die Verzinsung für beide Verfahren in allen übrigen Jahren der Umtriebszeit die gleiche oder für ein Verfahren entschieden grösser war; andernfalls müsste man untersuchen, wie sich die laufend-jährliche Verzinsung im Mittel für alle Bestandsalter stellt, was eben auf die durchschnittlich-jährliche Verzinsung führt.

2. Kapitel.

Untersuchungen über die Grösse des Unternehmergewinns und über die Verzinsung des Productionsaufwandes.

Soll ein Wirthschaftsverfahren auf seine Einträglichkeit geprüft oder sollen mehrere Wirthschaftsverfahren mit einander verglichen werden, so hat man für jedes Verfahren diejenigen Verhältnisse zu unterstellen, unter welchen dasselbe an und für sich den grössten Vortheil bietet.

Es sind daher zunächst die Umstände zu untersuchen, welche auf die Grösse des Unternehmergewinnes und die Verzinsung des Productionsaufwandes einen Einfluss ausüben.

Diese Untersuchung soll unter den beiden folgenden Titeln vorgenommen werden.

I. Titel.

Untersuchungen über die Grösse des Unternehmergewinns.

I. Aussetzender Betrieb. Wie wir Seite 13 gesehen haben, ist der Vorwerth des Unternehmergewinns gleich

$$\frac{A_u + D_a \, 1, op^{u-a} + \ldots + D_q \, 1, op^{u-q}}{1, op^u - 1} - (B + V + C_u)$$

Um diesen Ausdruck auf eine einfachere Form zu bringen, schreiben wir ihn folgender Massen an:

$$\left(\frac{A_u + D_a \, 1, op^{u-a} + \ldots + D_q \, 1, op^{u-q} - c \cdot 1, op^u}{1, op^u - 1} - V\right) - B$$

und bemerken, dass der in der Klammer stehende Theil der Formel denjenigen Boden-Erwartungswerth vorstellt, welcher sich bei Einhaltung der Umtriebszeit u berechnet*). Bezeichnen wir denselben mit B_u, so ist der obige Ausdruck gleichbedeutend mit

$$B_u - B,$$

das heisst: der Unternehmergewinn ist gleich dem Unterschiede zwischen dem Boden-Erwartungswerthe und dem Boden-Kostenwerthe.

Nach Seite 13 wäre die jährliche Rente des Unternehmergewinns $= (B_u - B) \, 0, op$; der Nachwerth $= (B_u - B) \, (1, op^m - 1)$.

Die Betrachtung des Ausdruckes $B_u - B$ führt zu folgenden Sätzen, welche zumeist keines Beweises bedürfen.

1. Ein Unternehmergewinn ergibt sich

a. wenn man den Boden zu einem geringeren Preise als demjenigen, welcher sich für den Boden-Erwartungswerth berechnet, erworben hat, oder

b. wenn man die Grösse des Boden-Erwartungswerthes, sei es durch Vermehrung der Einnahmen oder durch Verminderung der Ausgaben, über den üblichen Betrag zu steigern versteht.

---

*) Siehe des Verfassers „Anleitung zur Waldwerthrechnung", S. 47.

Mittel zur Erhöhung der Einnahmen oder der Jetztwerthe derselben bieten u. A. die Einlage landwirthschaftlicher Zwischennutzungen und die zeitigere Vornahme der Durchforstungen dar. Die Productionskosten lassen sich vermindern durch die Wahl billigerer und dabei doch erfolgreicher Kulturverfahren, Verbesserungen in der Einrichtung des Forstdienstes u. s. w.

2. Der Unternehmergewinn ist um so grösser, je mehr der Boden-Erwartungswerth den Boden-Kostenwerth übertrifft.

3. Ist der Boden-Kostenwerth gleich dem Boden-Erwartungswerthe, so liefert die Wirthschaft keinen Unternehmergewinn, sondern verzinst nur den Productionsaufwand und zwar zu dem der Rechnung unterlegten· Prozente p.

Denn setzt man den Unternehmergewinn als jährliche Rente, so hat man

$$(B_u - B)\, o,\, op = 0,\ \text{oder}$$

$$\left(\frac{A_u + D_a\, 1,\, op^{u-a} + \ldots + D_q\, op^{u-q}}{1,\, op^u - 1} - (C_u + V + B)\right) o,\, op = 0$$

und hieraus

$$\left(\frac{A_u + D_a\, 1,\, op^{u-a} + \ldots + D_q\, 1,\, op^{u-q}}{1,\, op^u - 1}\right) o,\, op = (B + V + C_u)\, o,\, op$$

4. Diejenige Umtriebszeit liefert den grössten Unternehmergewinn, für welche der Boden-Erwartungswerth oder die Rente desselben kulminirt.

5. Der Unternehmergewinn steht für gleiche Umtriebszeiten zu der Grösse des der Rechnung unterlegten Wirthschaftszinsfusses in umgekehrtem (wenn auch nicht in directem) Verhältnisse. (Vergl. des Verfassers „Anleitung zur Waldwerthrechnung", S. 50.)

Nimmt man z. B. $B = 40$, $c = 8$, $v = 1,2$ Thlr. an, so ist für die in Tabelle A verzeichneten Erträge bei

einer Umtriebszeit von	50	60	70	80	90 Jahren
		für einen Zinsfuss von 1%			
Der Vorwerth des Unternehmergewinns	542,8	753,6	916,4	**940,8**	936,4
		für einen Zinsfuss von 3%			
	52,4	73,6	**80,8**	66,0	49,2
		für einen Zinsfuss von 4%			
	1,6	**8,0**	6,4	— 5,2	— 16,4

6. Diejenige Umtriebszeit, bei welcher der Unternehmergewinn sein Maximum erreicht, tritt für einen

kleineren Zinsfuss später ein, als für einen grösseren. Vgl. die fett gedruckten Ziffern des vorhergehenden Beispiels, sowie **Note 6.**

II. Jährlicher Betrieb.

Nach Seite 14 berechnet sich der Unternehmergewinn für den jährlichen Betrieb mittelst der Formel

$$A_n + D_a + \ldots + D_q - [(u B + u N + u V) o, op + c].$$

Aus derselben ist ersichtlich, dass bei dem jährlichen Betriebe ein Unternehmergewinn nicht blos in den unter I, 1, *a*, *b*, (Seite 20) genannten Fällen, sondern auch dann sich ergibt, wenn man den normalen Vorrath unter demjenigen Preise erworben hat, welchen man durch Veräusserung des Vorrathes erzielen kann. Indessen knüpft sich dieser Gewinn nur an den vorhandenen, nicht aber an denjenigen Vorrath, welcher nach dem Abtriebe des ersteren neu erzogen werden muss, indem derselbe genau den nämlichen Kostenaufwand verursacht, wie wenn er auf einer Blösse hergestellt werden sollte.

Alle die Sätze, welche unter I für den Unternehmergewinn des aussetzenden Betriebs entwickelt wurden, gelten auch für den jährlichen Betrieb. Der Beweis für die Richtigkeit dieser Behauptung folgt aus dem Axiom, dass das Ganze gleich der Summe seiner einzelnen Theile ist. Ein zum jährlichen Betriebe eingerichteter Wald kann offenbar als ein Complex von Beständen angesehen werden, von welchen jeder einzelne im aussetzenden Betriebe bewirthschaftet wird; hiernach erhält man ebenso den Unternehmergewinn eines ganzen Waldes, wenn man den Unternehmergewinn für jede Altersstufe berechnet und die Summe dieser Gewinne bildet, als wenn man sogleich den Unternehmergewinn für den ganzen Bestandscomplex in einem Ansatze auswirft.

Ueber eine scheinbare Ausnahme von der vorstehenden Regel siehe **Note 7.**

Geschichtliches.

Hundeshagen war der Erste, welcher zu statischen Zwecken thatsächlich den Unternehmergewinn berechnete, indem er sämmtliche Productionskosten von den Rauherträgen in Abzug brachte. Er nannte diese Differenz den eigentlichen oder wahren Reinertrag*), obgleich ihm der Ausdruck „Unternehmen" im Sinne der Oeconomen nicht ungeläufig war**). Mit voller Klarheit unterschied

---

*) Encyklopädie der Forstwissenschaft, II. Auflage, II, 297.
**) Forstliche Berichte und Miscellen, II, 189.

Hundeshagen die Arten des Einkommens, welche die Waldwirthschaft gewähren kann, und namentlich die Fälle, in welchen der
Unternehmer das ganze Einkommen oder nur gewisse Theile desselben bezieht, je nachdem er Eigenthümer der bei der Waldwirthschaft thätigen Kapitalien ist, oder die Kapitalien borgen und die
Arbeit Andern überlassen muss*). Weiter wies Hundeshagen nach,
dass und warum die Interessen von den Kapitalwerthen des Bodens**)
und des Holzvorrathes***) unter dem Productionsaufwande zu ver-
rechnen seien†), und dass man einen Fehler begehe, wenn man die
Differenz zwischen dem Rohertrage und den blossen baaren Productionskosten als Waldbodenrente bezeichne, während sie doch
nur die Interessen für das Boden- und Materialkapital vorstelle††).
Endlich behandelt Hundeshagen, wie Seite 7 schon erwähnt wurde,
nach der Methode des Unternehmergewinns mehrere statische Aufgaben, insbesondere die Wahl der Holzart, Betriebsart und Umtriebszeit, und zwar sowohl für den jährlichen wie für den aussetzenden
Betrieb.

Den von den Oekonomen schon lange gebrauchten Ausdruck
Unternehmergewinn finden wir in der forstlichen Literatur zuerst
in König's Forstmathematik†††). König will den Unterschied zwischen dem Boden-Erwartungswerth (von ihm Boden-Bewaldungs-
werth genannt) und dem Kaufpreise des Bodens berechnet wissen,
um hiernach den von der Bewaldung zu erwartenden Gewinn zu
bestimmen.

Pressler bezeichnete den Unterschied zwischen Ertrag und
Productionsaufwand als Wirthschafts-Nutzeffect*†). Er be-

---

*) Encyklopädie der Fortwissenschaft, II, § 696.

**) Hundeshagen nimmt übrigens die Interessen des Bodenkapitalwerthes
unter die Productionskosten dann nicht auf, wenn das Grundstück ohne Bewaldung gar keiner andern Benutzung fähig ist (Encyklopädie der Forstwissenschaft, 2. Aufl., II, § 704). Er begeht hier denselben Fehler wie König,
welcher bei der Ermittlung der laufend-jährlichen Verzinsung die Waldbodenrente dann ausser Acht lässt, wenn der Waldboden keinen andern Nutzungswerth hat (siehe II. Abschnitt, I. Titel, II, 1, *B*). Wir finden indessen diesen
Fehler auch in anderen — älteren und neueren — Schriften.

***) Hundeshagen brachte den normalen Vorrath stets als Verbrauchs-
werth in Rechnung, was ihm jedoch eher zu verzeihen ist, als einigen neueren
Schriftstellern, welche die Veranschlagung des Bestandswerthes nach dem
Kostenwerthe kannten und von derselben in dem vorliegenden Falle dennoch
keinen Gebrauch machten.

†) Encyklopädie d. Forstwissenschaft, II, § 702. Forstabschätzung, S. 252.

††) Encyklopädie der Forstwissenschaft II, § 706, 7.

†††) 4. Auflage, S. 637.

*†) Rationeller Waldwirth II, 85.

rechnete denselben ausserdem als jährliche Rente und als Nachwerth, bezogen auf das Ende der Umtriebszeit. Pressler forderte die Wald-besitzer auf, die Nutzeffecte ihrer Betriebsweisen zu kalkuliren und diese Effecte durch Vermehrung der Einnahmen, durch zeitigere Nutzung der Neben- und Zwischenerträge und durch Verminderung der Productionskosten auf den geringsten Betrag zu bringen.

II. Titel.
Untersuchungen über die Verzinsung des Productions-aufwandes.

I. Laufend-jährliche Verzinsung des Productionsaufwandes.

1. Aussetzender Betrieb.

A. Gang der laufend-jährlichen Verzinsung im All-gemeinen. Die laufend-jährliche Verzinsung zeigt einen ähnlichen Gang, wie der laufend-jährliche Holzzuwachs. Sie ist anfangs sehr klein, steigt dann rasch, kulminirt früher und erreicht im Maximum einen höheren Betrag, als die durchschnittlich-jährliche Verzinsung.

So z. B. drückt sich für $B = 120$, $V = 40$, $c = 8$, $p = 3$ und die in Tabelle A angegebenen, durch Interpolation vervollständigten, Erträge der Gang der laufend-jährlichen und der durchschnittlich-jährlichen Verzinsung durch die nebenstehende Figur aus.

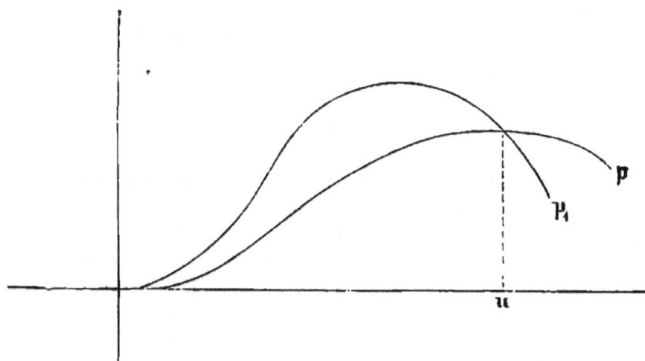

Je mehr der Boden-Erwartungswerth den Boden-Kostenwerth übertrifft, um so länger dauert es, bis das Prozent der laufend-jährlichen Verzinsung auf eine bestimmte Grösse sinkt.

B. Erscheint der Bodenwerth im Productionsaufwande als Maximum des Boden-Erwartungswerthes, so ist das Prozent der laufend-jährlichen Verzinsung vor demjenigen Zeitpunkt, in welchem der Boden-Erwartungswerth kulminirt, grösser und nach diesem Zeitpunkte kleiner, als das der Rechnung unterstellte Wirthschaftsprozent p.

Beweis. Wie wir S. 17 gesehen haben, drückt sich das Prozent der laufend-jährlichen Verzinsung des Productionsaufwandes durch die Formel

$$p_1 = \frac{(A_{m+1} - A_m)\,100}{(B + V + c)\,1,op^m -- (D_a\,1,op^{m-a} + \ldots)}$$

aus.

Nun lässt sich nachweisen, dass p_1 dann gleich p sein würde, wenn die Bestands-Verbrauchswerthe A_m, A_{m+1} als Bestands-Kostenwerthe sich verrechnen liessen. Denn es würde in diesem Falle der Zähler des vorstehenden Bruches =

$$A_{m+1} - A_m = ((B+V)(1,op^{m+1}-1)+c\,1,op^{m+1}-(D_a\,1.op^{m+1-a}+\ldots)$$

$$- [(B + V)\,(1,op^m - 1) + c\,1,op^m - (D_a\,1,op^{m-a}+\ldots)]]\,100$$

$$= [(B + V + c)\,1,op^m -- (D_a\,1,op^{m-a} + \ldots)]\,o,op \cdot 100$$

und das Prozent der laufend-jährlichen Verzinsung

$$p_1 = \frac{[(B + V + c)\,1,op^m - (D_a\,1,op^{m-a} + \ldots)]\,p}{(B + V + c)\,1,op^m - (D_a\,1,op^{m-a}+\ldots)} = p$$

sein. Da nun aber, wie sich aus des Verfassers „Anleitung zur Waldwerthrechnung" S. 75 ergibt, der Unterschied der Verbrauchswerthe je zweier auf einander folgenden Jahre (also $A_{m+1} - A_m$) vor dem Jahre u, in welchem der Boden-Erwartungswerth kulminirt, immer grösser und nach dem Jahre u kleiner ist, als die Differenz der zugehörigen Bestandskostenwerthe, so folgt hieraus, dass auch p_1 vor dem Jahre u grösser und nachher kleiner ist als p.

Der vorstehende Beweis lässt sich auch dann führen, wenn man in den Productionsaufwand vom Jahre o statt c das Kulturkostenkapital $C_u = \dfrac{c \cdot 1,op^u}{1,op^u - 1}$ anbringt, dagegen auch im Zähler den in Note 1 angegebenen Zusatz anfügt.

2. Jährlicher Betrieb. Die laufend-jährliche Verzinsung dieses Betriebes stimmt mit der durchschnittlich-jährlichen Verzinsung überein. Die Gesetze der letzteren werden unter II. entwickelt werden.

II. Durchschnittlich-jährliche Verzinsung des Productionsaufwandes.

Es lässt sich hier eine Reihe von Sätzen aufstellen, welche den für den Unternehmergewinn gefundenen zumeist analog sind.

Da aber die Wahl zwischen zweien gleichartigen Wirthschaftsverfahren in dem Falle, wenn die Productionskapitalien ungleich sind,
nicht mehr durch die Höhe der Verzinsung jedes einzelnen Kapitals bestimmt wird, so muss auch noch die Verzinsung des Unter-
schiedes der Productionskapitalien untersucht werden.

1. Die durchschnittlich-jährliche Verzinsung des Productionskapitals ist um so grösser, je mehr der Boden-
Erwartungswerth den Boden-Kostenwerth übertrifft.

A. Aussetzender Betrieb. Setzt man dem Zähler des Bruches

$$\left(\frac{A_u + D_a\, 1,\, op^{u-a} + \ldots + D_q\, 1,\, op^{u-q}}{1,\, op^u - 1} \right) p \;,$$

durch welchen das Prozent p der durchschnittlich-jährlichen Verzinsung bestimmt wird, innerhalb der Klammer

$$C_u - C_u + V - V$$

zu, wodurch der Werth desselben begreiflicherweise nicht geändert
wird, so hat man

$$p = \frac{\left[\dfrac{A_u + D_a\, 1,\, op^{u-a} + \ldots - c\, 1,\, op^u}{1,\, op^u - 1} - V + V + C_u \right] p}{B + V + C_u} \; .$$

$$p = \frac{(B_u + V + C_u)\, p}{B + V + C_u}$$

Aus diesem Ausdrucke ergibt sich unmittelbar die Richtigkeit
des oben ausgesprochenen Satzes.

B. Jährlicher Betrieb. Für diesen bestimmt sich das Prozent der durchschnittlich-jährlichen Verzinsung durch die Formel

$$p = \frac{(A_u + D_a + \ldots + D_q)\, 100}{(B + V + C_u)\, (1,\, op^u - 1) - [D_a\, (1,\, op^{u-a} - 1) + \ldots]}$$

Setzt man jetzt $B = B_u - \delta$, so hat man nach einigen Reductionen

$$p = \frac{(A_u + D_a + \ldots + D_q)\, p}{A_u + D_a + \ldots + D_q - \delta\, (1,\, op^u - 1)}$$

$$= \frac{(A_u + D_a + \ldots + D_q)\, p}{A_u + D_a + \ldots + D_q - (B_u - B)\, (1,\, op^u - 1)} \; .$$

Je grösser der Unterschied zwischen B_u und B ist, um so
kleiner gestaltet sich der Nenner des Bruches, um so grösser wird
also p ausfallen.

2. Erscheint der Bodenwerth im Productionskapital.
als Erwartungswerth, so ist für jede Umtriebszeit $p = p$.

Man hat nämlich alsdann für den aussetzenden Betrieb (siehe 1).1)

$$\mathfrak{p} = \frac{(B_u + V + C_u)\,p}{B_u + V + C_u} = p$$

und für den jährlichen Betrieb, wenn man in der unter 1. B entwickelten Formel $\delta = 0$ setzt

$$\frac{(A_u + D_a + \ldots + D_q)\,p}{A_u + D_a + \ldots + D_q} = p$$

3. Erscheint der Bodenwerth im Productionskapital als Maximum des Erwartungswerthes, so ist die durchschnittlich-jährliche Verzinsung des Productionskapitals am grössten bei Einhaltung derjenigen Umtriebszeit, für welche der Boden-Erwartungswerth kulminirt.

Beweis. Nach Satz 2 ist das Prozent der durchschnittlichjährlichen Verzinsung für jede Umtriebszeit, bei Unterstellung des Boden-Erwartungswerthes dieser Umtriebszeit, gleich p. Führt man nun in die Formel der durchschnittlich-jährlichen Verzinsung anstatt des jeweiligen Boden-Erwartungswerthes das Maximum desselben ein, so ergibt sich, dass $\mathfrak{p}$ nur für diejenige Umtriebszeit, in welcher der Bodenwerth kulminirt, den Werth p beibehält, für jede andere Umtriebszeit dagegen kleiner als p sich gestalten muss.

J. Lehr hat bewiesen, dass das Prozent der durchschnittlich-jährlichen Verzinsung in dem Falle, wenn man in dem Productionskapital einen anderen Bodenwerth als das Maximum des Boden-Erwartungswerthes unterstellt, nicht in dem Zeitpunkt der Kulmination des Boden-Erwartungswerthes seinen grössten Betrag erreicht. Der Leser findet den betr. Beweis in Note 8. Hiernach ist Satz C, Seite 116 von Verfassers „Anleitung zur Waldwerthrechnung" zu berichtigen.

Da die Productionskapitalien verschiedener Umtriebszeiten wegen der wechselnden Grösse des Kulturkostenkapitals ungleich sind, so könnte Satz 3 nach dem unter 3. B, Seite 19 Bemerkten nur dann die Wahl der Umtriebszeit bestimmen, wenn man über die, allerdings nicht gerade erhebliche, Differenz der Kulturkostenkapitalien hinaussehen wollte. Bei dem jährlichen Betriebe ist der Unterschied der Productionskapitalien zu bedeutend, um vernachlässigt werden zu können; für diesen Betrieb kommt dann der nun folgende Satz (4) zur Anwendung, welcher übrigens auch für den aussetzenden Betrieb gilt.

4. Erscheint der Bodenwerth im Productionskapital als Maximum des Erwartungswerthes, so verzinst sich ein Ueberschuss an Productionskapital, welcher einer niederen oder höheren Umtriebszeit als derjenigen des grössten Boden-Erwartungswerthes zukommt, zu weniger als p Prozent, während ein derartiger Ueberschuss, wenn er der Umtriebszeit des grössten Boden-Erwartungswerthes angehört, mehr als p Prozent liefert.

Beweis. Nennen wir u die Umtriebszeit des grössten Boden-Erwartungswerthes, m irgend eine andere Umtriebszeit, welche grösser oder kleiner als u sein kann, bezeichnen wir ferner mit R_u, R_m die jährlichen Rauhertragsrenten, mit P_u, P_m die Productionskapitalien jener Umtriebszeiten, so ist das Prozent, zu welchem der Unterschied $P_u - P_m$ der Productionskapitalien sich verzinst,

$$\mathfrak{p}_1 = \frac{(R_u - R_m)\,100}{P_u - P_m}.$$

Nehmen wir weiter an, dass der Bodenwerth in P_u als Erwartungswerth erscheine, so hat man nach Satz 2, Seite 26,

$$\frac{R_u}{P_u}\,100 = p.$$

Unterstellt man ferner, dass der Bodenwerth in P_m ebenfalls das Maximum des für die Umtriebszeit u sich berechnenden Erwartungswerthes sei, so ist nach Satz 3, Seite 27,

$$\frac{R_m}{P_m}\,100 < p, \text{ also z. B. } \frac{R_m}{P_m}\,100 = p - x.$$

Aus den vorstehenden Gleichungen folgt

$$R_u = \frac{p\,P_u}{100}; \qquad R_m = \frac{(p - x)\,P_m}{100}.$$

Setzen wir diese Werthe in die obige Gleichung für $\mathfrak{p}_1$ ein, so erhalten wir

$$\mathfrak{p}_1 = \frac{p\,P_u - (p - x)\,P_m}{P_u - P_m} = p + \frac{x \cdot P_m}{P_u - P_m}.$$

Bei dem aussetzenden Betriebe ist für $m < u$ das Kulturkostenkapital der $m$jährigen Umtriebszeit grösser, als dasjenige der $u$jährigen Umtriebszeit, also $P_m > P_u$, oder $P_u - P_m$ negativ und $\mathfrak{p}_1 < p$; es verzinst sich somit der Ueberschuss an Productionskapital, welcher der $m$jährigen Umtriebszeit zukommt, zu weniger als p Prozent. Für $m > u$ ist dagegen $P_m < P_u$, daher $\mathfrak{p}_1 > p$, d. h. der Ueberschuss an Productionskapital, welchen die $u$jährige Umtriebszeit gegenüber einer höheren enthält, verzinst sich zu mehr als p Prozent.

Bei dem jährlichen Betriebe ist $P_u - P_m$ vor u positiv, also $\mathfrak{p}_1 > p$; nach u dagegen $P_u - P_m$ negativ, also $\mathfrak{p}_1 < p$; d. h. es verzinst sich ein Ueberschuss an Productionskapital, welchen die Umtriebszeit des grössten Boden-Erwartungswerthes gegenüber einer niederen Umtriebszeit enthält, zu mehr als p Prozent, während ein Ueberschuss an Productionskapital, welcher einer höheren als der $u$jährigen Umtriebszeit zukommt, sich zu weniger als p Prozent verzinst.

Da bei dem aussetzenden Betriebe das Kapital des Bodenwerthes in P_u gegen dasjenige in P_m sich streicht, so folgt hieraus, dass der vorstehende Satz bei jenem Betriebe für jeden Bodenwerth, also nicht blos für das Maximum des Boden-Erwartungswerthes, gilt. Der Beweis hierfür lässt sich auch direct führen (s. Note 9).

Dagegen hängt bei dem jährlichen Betriebe p_1 wesentlich von der Grösse des Bodenwerthes ab, mit welchem man den normalen Vorrath berechnet. Unterstellt man $B < B_u$, so kann sich ein Ueberschuss an Productionskapital, welcher einer höheren als der u jährigen Umtriebszeit zukommt, zu mehr als p Prozent verzinsen. Der Unternehmer könnte hiernach, um eben noch p Prozent von seinen Kapitalien zu erlangen, eine höhere Umtriebszeit einhalten. Dagegen würde derselbe in diesem Falle auf den Gewinn verzichten, welcher für ihn gerade aus dem Umstande entspringt, dass er den Vorrath billiger hergestellt hat.

In Bezug auf die Grösse des Bodenwerthes, aus dessen Rente der Vorrath (wenigstens zum Theil) sich bildet, haben wir zwei Fälle zu unterscheiden.

1. Der Boden besitzt für eine andere Benutzungsweise einen höheren Werth, als das Maximum des forstlichen Erwartungswerthes. In diesem Falle wird das Prozent der durchschnittlich-jährlichen Verzinsung überhaupt unter den Betrag von p sinken, also die Waldwirthschaft aufzugeben sein, weil dieselbe mit Verlust produzirt. Müsste dieselbe dagegen aus irgend einem Grunde (z. B. aus Rücksicht auf den klimatischen Einfluss des Waldes) beibehalten werden, so würde man zur Bestimmung der vortheilhaftesten Umtriebszeit den normalen Vorrath dennoch aus dem Maximum des Boden-Erwartungswerthes herzuleiten haben, weil nur unter dieser Bedingung diejenige Umtriebszeit gefunden werden kann, für welche der Verlust ein Minimum wird.

2. Es wird für den Boden zeitweilig weniger als das Maximum des Erwartungswerthes geboten. In diesem Falle wird der Unternehmer die Umtriebszeit nicht sogleich ändern, weil er erwarten darf, dass der Bodenpreis sich wieder heben wird. Könnte man dagegen überzeugt sein, dass der Bodenpreis dauernd unter dem Maximum des Erwartungswerthes beharren werde, so würde hieraus hervorgehen, dass das geforderte Prozent p zu hoch gegriffen und dass dasselbe auf denjenigen Betrag zu ermässigen sei, für welchen $B = B_u$ wird.

Aus Vorstehendem ergibt sich, dass zur Bestimmung derjenigen Umtriebszeit, für welche das Productionskapital die höchste Rente liefert, bei der Veranschlagung des normalen Vorrathes nur das Maximum des Boden-Erwartungswerthes unterstellt werden darf.

Anmerkung. Bisher haben wir sowohl bei der laufend-jährlichen als bei der durchschnittlich-jährlichen Verzinsung des Productionsaufwandes den Bodenwerth, die Kulturkosten (bezw. das Kulturkostenkapital), das Kapital der übrigen Kosten und den normalen Vorrath (beim jährlichen Betriebe) in dem Productionsfonds aufgeführt. Es lässt sich jedoch die Frage aufwerfen, ob es nicht räthlich oder gar geboten sei, nur diejenigen Theile des Productionsaufwandes, welche der Unternehmer von vornherein in Händen haben muss, um die Wirthschaft beginnen und betreiben zu können, in den Nenner des Bruches, durch welchen die Verzinsung sich ausdrückt, aufzunehmen, dagegen solche Productionskosten, welche aus dem jährlichen Rauhertrage bestritten werden können, an dem letzteren (also im Zähler) in Abzug zu bringen.

Zu den Kosten dieser Art würden z. B. diejenigen für Verwaltung, Schutz und Steuern, sowie die Kulturkosten gehören. Die vorliegende Frage beantwortet sich folgendermassen:

1. **Laufend-jährliche Verzinsung.** Nimmt man als Productionsfonds vom Jahr o nur den Bodenwerth an und bringt man die jährliche Rente der prolongirten Kulturkosten, sowie des prolongirten Kapitals der übrigen Kosten von $A_{m+1} - A_m$ in Abzug, setzt man dagegen die Rente der prolongirten Vornutzungen $A_{m+1} - A_m$ zu, so lässt sich der unter B auf Seite 24 aufgestellte Satz ebenfalls beweisen, wie sich aus Note 10 ergibt. Es ist also vollkommen gleichgültig, ob man p_1 nach der einen oder der anderen Methode berechnet.

2. **Durchschnittlich-jährliche Verzinsung.** Lässt man bei dem aussetzenden Betriebe das Productionskapital ebenfalls nur aus dem Bodenwerth bestehen, bringt man also die Rente des Kulturkostenkapitals und des Kapitals der übrigen Kosten von der Rauhertragsrente (im Zähler) in Abzug und nennt man das unter diesen Voraussetzungen ermittelte Prozent der durchschnittlich-jährlichen Verzinsung p_1, während man das in der früheren Weise (s. Seite 18) festgestellte Prozent mit p bezeichnet, so erhält man

$$p_1 = \frac{B_u}{B} \cdot p.$$

Und setzt man für den jährlichen Betrieb das Productionskapital nur aus dem Bodenwerthe und dem normalen Vorrathe zusammen, bringt man also die Kulturkosten und die Kosten für Verwaltung, Schutz und Steuern von dem jährlichen Rauhertrag (im Zähler) in Abzug, so findet man nach einigen Reductionen

$$p_1 = \frac{(A_u + D_a + \ldots + D_q - uv - c)\,p}{A_u + D_a + \ldots + D_q - uv - c - (B_u - B)\,(1, op^u - 1)}.$$

Die unter 1, 2 und 3 aufgestellten Sätze lassen sich nun ohne Mühe ebenso für p_1 beweisen, wie für p. Und da Satz 4 auf die Sätze 2 und 3 sich stützt, so stellt sich Satz 4 auch dann als richtig dar, wenn das Productionskapital für den aussetzenden Betrieb nur aus dem Bodenwerthe und für den jährlichen Betrieb aus dem Bodenwerthe und dem Werthe des normalen Vorrathes besteht. Das Verhältniss zwischen p und p_1 erläutert Note 11.

Man kann überhaupt sowohl die laufend-jährliche, als auch die durchschnittlich-jährliche Verzinsung für jeden einzelnen Theil des Productionsfonds berechnen, muss aber dann die Interessen der übrigen Theile von der Rauhertragsrente in Abzug bringen.

Geschichtliches.

Die Berechnung des Prozentes einer gleichmässigen jährlichen Verzinsung finden wir bereits in Hundeshagens „Waldwerthberechnung" (2. Abtheilung der „Forstabschätzung" von 1826) an mehreren Beispielen ausgeführt.

Hundeshagen ermittelte zuerst den Unternehmergewinn unter Zugrundlegung des landesüblichen Zinsfusses (5 %) und suchte dann, wenn er einen negativen Werth erhielt, das Prozent auf, mittelst dessen der Unternehmergewinn auf Null gebracht wird. Für den

aussetzenden Betrieb berechnete er den Unternehmergewinn als Vorwerth; dabei wendete er zur Discontirung auch der Erträge das
Prozent an, welches das Gleichgewicht zwischen den Kosten und
den Erträgen herstellt.

Das Verfahren zur Bestimmung der durchschnittlich-jährlichen
Verzinsung, welches wir S. 17 dargestellt haben, hat zuerst König*)
angegeben. Man soll dasselbe (nach König) benutzen, um den Gewinn einer Bewaldung von geringem Fruchtlande, Waldblössen und
Waideflächen in Prozenten anzuschlagen.

Pressler wandte eben dieses Prozent (welches er „thatsäch-
liches oder ertragsmässiges Wirthschaftsprozent" nannte) zuerst zur
Ermittlung der wirthschaftlichen Reifezeit der Holzbestände an**).
Eine andere Methode der Prozentberechnung lehrte er S. 87 seiner
im Jahre 1859 erschienenen „forstlichen Finanzrechnung" (dem
2. Buche des „rationellen Waldwirths"), indem er die Vorschrift
ertheilte, die Erträge mittelst des „geforderten" Wirthschaftsprozentes,
dagegen die Rente des Kostenkapitals mittelst desjenigen Prozentes
auf das Ende der Umtriebszeit zu prolongiren, durch welches der
Nachwerth der Erträge dem Nachwerthe der Kosten gleichgestellt
wird. Zur Kapitalisirung der Kosten gebrauchte er gleichfalls das
geforderte Wirthschaftsprozent.

Die Bedeutung dieser verschiedenen Rechnungsweisen haben
wir in Note 5 erklärt. Das Hundeshagen'sche Prozent ist dort
unter 3., das Pressler'sche unter 1. aufgeführt.

Die Geschichte der Theorie der laufend-jährlichen Verzinsung
findet der Leser im II. Abschnitt, I. Titel unter II, 1, B.

---

*) Forstmathematik, 2. Auflage, 1842, § 472.
**) Allgemeine Forst- und Jagd-Zeitung von 1860, S. 53.

Zweiter Abschnitt.

Behandlung einiger Aufgaben der forstlichen Rentabilitätsrechnung*).

———

I. Titel.

Wahl der Umtriebszeit.

Die Bestimmung der vortheilhaftesten Umtriebszeit richtet sich nach dem Zwecke, welchem die Wälder dienen sollen. Dieser Zweck kann ein zweifacher sein, nämlich 1. Herstellung gewisser Einflüsse auf den Boden und das Klima, 2. Gewährung eines Einkommens, welches der Eigenthümer des Waldes sich dadurch verschafft, dass er die gewonnenen Forstproducte entweder in seinem eigenen Haushalte verwendet oder dieselben gegen andere Güter umtauscht.

I. Umtriebszeit der Schutzwaldungen. (Unter letzteren wollen wir diejenigen Wälder verstehen, welche einen nützlichen Einfluss auf das Klima und den Boden ausüben sollen.)

Da man bis jetzt noch kein brauchbares Hülfsmittel kennt, welches den klimatischen Einfluss des Waldes zu ersetzen vermöchte, so unterliegt es keinem Zweifel, dass der Wald an allen denjenigen

———

*) Da das Erscheinen der dritten Abtheilung dieses Werkes sich noch längere Zeit hinausschieben wird, so hat es der Verfasser für zulässig erachtet, in einem Falle, und zwar bei der Wahl der Umtriebszeit, auch eine wirkliche Vergleichung des Effectes mehrerer Wirthschaftsverfahren anzustellen. Hier kann das vorhandene Material schon benutzt werden, um Rentabilitätsberechnungen auf dasselbe zu gründen. Denn obgleich die bis jetzt veröffentlichten Ertragstafeln keineswegs zuverlässig sind, vielmehr vielfach die Spuren willkürlicher Zusammensetzung erkennen lassen, so spricht sich doch in allen der Unterschied in dem Gange des Holzzuwachses gegenüber dem Anwachsen eines Geldkapitals mit so groben Zügen aus, dass man nicht erst genaue Zuwachs-Untersuchungen abzuwarten braucht, ehe man mit der Vergleichung der Rentabilität verschiedener Umtriebszeiten beginnen darf.

Orten, wo derartige Einflüsse nothwendig sind, nicht blos erhalten werden muss, sondern dass man ihn daselbst auch mit derjenigen Umtriebszeit zu bewirthschaften hat, welche jene Wirkungen in dem gewünschten Masse gewährleistet. Die Höhe dieser Umtriebszeit hängt von der spezifischen Rolle ab, welche der Wald in einem gegebenen Falle spielen soll. Da jedoch der klimatische Einfluss der Wälder nach Qualität und Quantität bis jetzt noch wenig.erforscht ist, so muss die Frage nach der Länge der Umtriebszeit der Schutzwaldungen vorerst noch als eine offene behandelt werden. Eine Lösung derselben ist aber von den in mehreren Staaten eingerichteten meteorologischen Waldstationen im Laufe der Zeit zu erwarten.

II. **Finanzielle Umtriebszeit.** (Unter dieser verstehen wir diejenige Umtriebszeit, welche das grösste Einkommen gewährt.)

1. **Ermittlung der finanziellen Umtriebszeit.**

A. **Bestimmung der finanziellen Umtriebszeit auf Grundlage des Unternehmergewinns oder der durchschnittlichjährlichen Verzinsung des Productionsaufwandes.** Als Massstab für das Einkommen, welches ein Gewerbe liefert, kann sowohl der Unternehmergewinn als auch die durchschnittlich-jährliche Verzinsung des Productionsaufwandes benutzt werden. Da nun, wie wir früher gesehen haben, diese beiden Factoren auf denjenigen Zeitpunkt hinleiten, in welchem der Boden-Erwartungswerth kulminirt, so kann man die Umtriebszeit des grössten Boden-Erwartungswerthes oder der grössten Bodenrente als diejenige bezeichnen, welche das grösste Einkommen gewährt. Hieraus ergibt sich ein Mittel, um die finanzielle Umtriebszeit zu berechnen. Man sucht zuerst eine, der betreffenden Localität entsprechende, Ertragstafel zu erlangen, welche die Haubarkeitsnutzungen, Zwischen- und Nebennutzungen mit ihren Geldwerthen angibt, stellt den Betrag der jährlichen Kosten und der Kulturkosten, sowie den geforderten Wirthschaftszinsfuss fest und berechnet dann nach bekannten Regeln den Boden-Erwartungswerth für die in Betracht zu ziehenden Umtriebszeiten. Diejenige Umtriebszeit, bei welcher der Boden-Erwartungswerth ein Maximum erreicht, würde also das grösste Einkommen gewähren, mithin als finanzielle Umtriebszeit zu betrachten sein.

Berechnungen, welche in dieser Weise angestellt wurden, haben ergeben, dass bei den meisten Holzarten für Zinsfüsse mittlerer Grösse (3%) die finanzielle Umtriebszeit in das 60. bis 70. Jahr fällt.

B. **Bestimmung der Hiebsreife eines Bestandes durch Untersuchung der laufend-jährlichen Verzinsung des Pro-**

ductionsaufwandes. Die finanzielle Umtriebszeit trifft nicht etwa
mit demjenigen Zeitpunkt zusammen, in welchem die laufend-
jährliche Verzinsung des Productionsaufwandes ihr Maximum erreicht. Denn wenn man einmal angenommen hat, dass die Betriebs-
kapitalien der Waldwirthschaft bei anderweitiger (gleich sicherer
und annehmlicher) Anlage höchstens p Prozent abwerfen können,
so würde es nicht vortheilhaft sein, einen Bestand abzutreiben, dessen
Werthszuwachs den Productionsaufwand zu mehr als p Prozent verzinst. Dagegen bietet die Untersuchung der laufend-jährlichen Verzinsung des Productionsaufwandes immerhin ein Mittel dar, um zu
bestimmen, ob ein Bestand die finanzielle Haubarkeit erreicht hat,
oder nicht; und dieses Hülfsmittel ist um so werthvoller, als die
unter A angeführte Methode zur Bestimmung der finanziellen Umtriebszeit nur dann angewendet werden kann, wenn man im Besitze
vollständiger Ertragstafeln sich befindet. An diesen ist jedoch grosser
Mangel, denn die Mehrzahl der bis jetzt veröffentlichten Ertragstafeln gibt nur die Haubarkeitsnutzungen, aber nicht die Zwischennutzungen, und für beide nicht die Sortimentsverhältnisse an.

Die Art und Weise, wie aus der laufend-jährlichen Verzinsung
des Productionsaufwandes auf die wirthschaftliche Reife eines Bestandes oder auch eines einzelnen Baumes geschlossen werden kann,
soll nun in Nachstehendem erläutert werden.

Aus Seite 24 ergibt sich, dass die laufend-jährliche Verzinsung
des Productionsaufwandes, falls man in letzteren für B das Maximum
des Boden-Erwartungswerthes, welches wir mit $_mB_u$ bezeichnen
wollen, einführt, vor dem Alter der finanziellen Umtriebszeit u
grösser und nach demselben kleiner ist, als das geforderte Wirthschaftsprozent p. Untersucht man nun den laufend-jährlichen Werthszuwachs $A_{m+1} - A_m$ am stehenden Baume oder Bestande und findet
man nach der Formel

$$p_1 = \frac{(A_{m+1} - A_m)\,100}{(_mB_u + V + c)\,1,op^m - (D_u\,1,op^{m-u} + \ldots)} \ \ldots \ldots 1)$$

das Verzinsungsprozent p_1 des Productionsaufwandes grösser als p,
so zeigt dies an, dass der Abtrieb noch unterbleiben kann; im entgegengesetzten Falle (für $p_1 < p$) hätte der Baum oder Bestand
seine wirthschaftliche Reife bereits überschritten. Allein die Anwendung dieser Formel bietet noch dieselbe Schwierigkeit dar, wie
die unter A dargestellte Methode, weil auch zur Bestimmung von
mB_u eine Ertragstafel erforderlich ist. Um diese Schwierigkeit zu
beseitigen, bleibt nichts Anderes übrig, als $_mB_u$ einzuschätzen, z. B.

für $_mB_u$ den Boden-Kostenwerth zu unterstellen. Es wird dann freilich p_1 nicht ganz richtig ausfallen, weil, wenn das eingeschätzte B grösser als $_mB_u$ ist, die gewünschte Verzinsung des Productionsaufwands nothwendig früher, im entgegengesetzten Falle aber später eintreten wird, als im Jahre u, für welches mit dem angenommenen Wirthschaftszinsfuss das Maximum des Boden-Erwartungswerthes sich berechnet. Doch nimmt, wie sich aus dem Folgenden ergeben wird, der zu befürchtende Fehler bei der nachstehend angegebenen Transformation in dem Masse ab, als mit wachsendem Bestandsalter der Bestandswerth den Bodenwerth übertrifft, so dass bei höheren Bestandsaltern in der That schon ganz beträchtliche Ueberschätzungen des Bodenwerthes dazu gehören würden, um in der Bestimmung der Hiebsreife einen Unterschied von nur einigen Jahren hervorzubringen.

Mit der Einschätzung von $_mB_u$ sind jedoch noch nicht alle Hindernisse beseitigt, welche der Anwendung der obigen Formel im Wege stehen. Man müsste auch noch die Zwischennutzungserträge D_a, D_b ... kennen, welche der Bestand vor dem Jahre m geliefert hat; eine Forderung, der nur in dem Falle Genüge geleistet werden kann, wenn eine Betriebsnachweisung vorliegt, in welcher die gewonnenen Erträge aufgezeichnet sind. Ausserdem müsste man das Bestandsalter m kennen oder untersuchen. Ueber alle diese Schwierigkeiten kommt man jedoch hinweg, wenn man den Nenner des Bruches, durch welchen p_1 ausgedrückt wird, auf den Bestands-Kostenwerth transformirt und diesem schliesslich den Bestands-Verbrauchswerth substituirt. Fügt man nämlich dem erwähnten Nenner

$$B + V - (B + V)$$

zu, wodurch der Werth desselben begreiflicher Weise nicht geändert wird, so erhält man

$$(B + V + c)\, 1, op^m - (D_a\, 1, op^{m-a} + \dots) + B + V - (B + V)$$
$$= (B + V)\,(1, op^m - 1) + c \cdot 1, op^m - (D_a\, 1, op^{n-u} + \dots) + B + V$$
$$= HK_m + B + V,$$

wenn man nämlich mit HK_m den Bestands-Kostenwerth des Jahres m bezeichnet. Wir erhalten also durch diese Transformation

$$p_1 = \frac{(A_{m+1} - A_m)\,100}{HK_m + B + V}.$$

Setzt man nun für den Bestands-Kostenwerth HK_m den Bestands-Verbrauchswerth A_m, so ergibt sich

$$p_1 = \frac{(A_{m+1} - A_m)}{A_m + B + V} \quad \dots \dots \dots \dots \dots 2)$$

Das Prozent, welches diese Formel liefert, weicht zwar von dem richtigen um so mehr ab, je grösser der Unterschied zwischen dem mit $_mB_u$ zu berechnenden Bestands-Kostenwerthe und dem Bestands-Verbrauchswerthe A_m ist, allein dieser Fehler fällt auch wieder um so kleiner aus, je mehr das Bestandsalter m dem Haubarkeitsalter u sich nähert, weil mit dieser Annäherung der Unterschied zwischen dem Bestands-Kostenwerthe und dem Bestands-Verbrauchswerthe abnimmt (s. „Waldwerthrechnung" Seite 74, $\beta\beta$). Auf die Bestimmung der Hiebsreife eines Baumes oder Bestandes übt jedoch der eben erwähnte Fehler gar keinen Einfluss aus, weil man p_1 mittelst Formel 2) vor der finanziellen Haubarkeit u nicht etwa zu klein, sondern zu gross findet, mit dem Eintritt von u aber $p_1 = p$ wird. Für die Jahre, welche hinter u liegen, gibt Formel 2) das Prozent p_1 freilich grösser als Formel 1) an; von Seckendorff hat jedoch (Supplemente zur Allg. Forst- und Jagd-Zeitung, Band VI, Heft 3) nachgewiesen, dass p_1 trotzdem die Höhe von p nicht erreicht (Siehe **Note 12**).

König's Methode zur Bestimmung des laufend-jährlichen Werthszuwachses.

König[*]) zerlegt den laufend-jährlichen Werthszuwachs in den Massen- und Preiszuwachs. Denkt man sich nämlich, dass die Holzmasse M_m in der nächsten Zeit p_2 % Massenzuwachs und dass die Masseneinheit, z. B. der Kubikmeter p_3 % Preiszuwachs habe, so würde M_m im nächsten Jahre auf

$$M_m \left(1 + \frac{p_2}{100} \right),$$

der Preis $\mathfrak{P}$ der Masseneinheit aber auf

$$\mathfrak{P} \left(1 + \frac{p_3}{100} \right)$$

anwachsen, also der Verbrauchswerth

$$A_{m+1} = M_m \left(1 + \frac{p_2}{100} \right) \mathfrak{P} \left(1 + \frac{p_3}{100} \right)$$

$$= M_m \mathfrak{P} \left(1 + \frac{p_2}{100} + \frac{p_3}{100} + \frac{p_2 p_3}{100 \cdot 100} \right),$$

oder, wenn man $\frac{p_2 p_3}{100 \cdot 100}$ gegen $1 + \frac{p_2}{100} + \frac{p_3}{100}$ als verhältnissmässig sehr klein vernachlässigt,

$$A_{m+1} = M_m \mathfrak{P} \left(1 + \frac{p_2 + p_3}{100} \right) \text{ sein, also}$$

$$A_{m+1} - A_m = M_m \mathfrak{P} \left(1 + \frac{p_2 + p_3}{100} \right) - M_m P,$$

weil ja $A_m = M_m \mathfrak{P}$ ist. Setzt man auch im zweiten Gliede $A_m = M_m \mathfrak{P}$ ein, so erhält man

---

[*]) Forstmathematik von 1854, § 417.

$$A_{m+1} - A_m = A_m \left(\frac{p_2 + p_3}{100}\right) \quad \text{und}$$

$$(A_{m+1} - A_m)\,100 = A_m\,(p_2 + p_3).$$

Pressler*) bezeichnet den Massenzuwachs als ersten oder Quantitäts-Zuwachs, den Preiszuwachs als zweiten oder Qualitäts-Zuwachs; er unterscheidet noch weiter einen dritten oder Theuerungs-Zuwachs für den Fall, dass eine aussergewöhnliche Preissteigerung des Holzes überhaupt oder auch nur gewisser Stammklassen in Aussicht stehe. Nennt man das Prozent des Theuerungs-Zuwachses p_4, so würde

$$(A_{m+1} - A_m)\,100 = A_m\,(p_2 + p_3 + p_4)$$

sein.

Es soll jetzt noch angegeben werden, in welcher Weise man jene Prozente rechnungsmässig bestimmt. Nennt man, wie vorher, M_m die Masse im Jahre m, M_{m+t} die Masse im Jahre $m+t$, so ist z. B. für p_2:

$$M_{m+t} = M_m \cdot 1{,}0 p_2{}^t \quad \text{und}$$

$$p_2 = 100 \left(\sqrt[t]{\frac{M_{m+t}}{M_m}} - 1\right).$$

In analoger Weise werden p_3 und p_4 ermittelt.

Neben dem vorstehenden, mathematisch genauen, Ausdruck empfiehlt Pressler noch die Näherungsformel

$$p_2 = \left(\frac{M_{m+t} - M_m}{M_{m+t} + M_m}\right) \frac{200}{t}.$$

Bezeichnet man nämlich mit

$$\frac{M_{m+t} - M_m}{t}$$

die mittlere Grösse des laufend-jährlichen Massenzuwachses, mit

$$\frac{M_{m+t} + M_m}{2}$$

die durchschnittliche oder mittlere Grösse des Vorrathes, so kann man die Proportion

$$\frac{M_{m+t} + M_m}{2} : \frac{M_{m+t} - M_m}{t} = 100 : p_2$$

aufstellen, aus welcher die obige Näherungsformel hervorgeht.

Beispiel. Angenommen, ein Kiefernbestand habe im 30. Jahre 204 Kubikmeter, im 40. Jahre 280 Kubikmeter Masse, und der Kubikmeter 30jähriges Holz koste 0,47 Thlr., der Kubikmeter 40jähriges Holz 0,78 Thlr., so findet man nach der genauen Formel

$$p_2 = 100 \left(\sqrt[10]{\frac{280}{204}} - 1\right) = 3{,}22; \quad p_3 = 100 \left(\sqrt[10]{\frac{0{,}78}{0{,}47}} - 1\right) = 5{,}196;$$

nach der Näherungsformel

$$p_2 = \left(\frac{280 - 204}{280 + 204}\right) \frac{200}{10} = 3{,}14; \quad p_3 = \left(\frac{0{,}78 - 0{,}47}{0{,}78 + 0{,}47}\right) \frac{200}{10} = 4{,}96.$$

Zur Geschichte der Theorie der laufend-jährlichen Verzinsung.

I. König's „Werthszunahme-Prozent". Die Analogie, welche zwischen der Verzinsung eines Goldkapitals durch die Interessen und eines Holzbestandes durch den jährlichen Zuwachs besteht, liegt sehr nahe. Es kann

---

*) Allgemeine Forst- und Jagd-Zeitung, 1860, S. 187 ff.

daher nicht auffallen, dass Versuche zur Anwendung des „Zuwachsprozentes"
auf die Bestimmung der Hiebsreife der Bestände schon in einer Zeit auf-
tauchten, in welcher die Waldwerthrechnung noch in den Kinderschuhen
stand*). Jedoch betrachtete man damals den Zuwachs nur als den Zins der
Holzmasse oder ihres Geldwerthes, ohne die übrigen Productionskapitalien zu
berücksichtigen; d. h. man bestimmte das Verzinsungsprozent lediglich nach
der Formel

$$\frac{(A_{m+1} - A_m)\, 100}{A_m}$$

Klarere Begriffe über den vorliegenden Gegenstand finden wir zuerst in
König's Forstmathematik. König bestimmte das „reine" Werthszunahme-
Prozent vom Holzbestande, indem er von der laufend-jährlichen Werthsmehrung
des letzteren die „Waldnutzungskosten" (d. h. die Kosten für Verwaltung etc.,
also unser v) und die Bodenrente, soweit letztere nicht durch die jährlich erfolgende „Nebennutzung" gedeckt wird, in Abzug bringt**). Dieses „reine
Werthszunahme-Prozent" dient ihm zur Bestimmung des „Verzinsungs-Schlag-
barkeitsalters"***). „Den grössten Geldgewinn bietet der Zeitpunkt, in welchem das Werthszunahme-Prozent eben unter den gewerblichen Zinsfuss sinkt.
Wäre dieser etwa 4 Prozent, so würde in unserem Beispiele das 68. Jahr am
einträglichsten sein. Mit dessen Schlusse wäre das Holz zu verwerthen und
der Erlös wieder von Neuem werbend anzulegen. Bei einer früheren Ab-
nutzung, so lange die Werthszunahme den erforderlichen Zinsfuss übersteigt,
büsste man den höheren Zinsengewinn ein, welchen das Holz noch bietet; bei
einer späteren, wo das Werthszunahme-Prozent immer tiefer sinkt, gingen
dagegen weiter gewinnbare Geldzinsen verloren"†). Auch erkannte König
schon sehr wohl den Einfluss der Vornutzungen auf die Erhöhung jenes Prozentes. „Durch förderliche Aushiebe wird der Massengehalt gemindert und
der Zuwachs gemehrt, also das Mehrungs-Prozent von beiden Seiten gehoben"††). Ferner: „Der fleissige Durchforstungsbetrieb ist das Hauptmittel,
den Werthsertrag und die Kapitalnutzung des Waldes zu heben und eine
höhere Umtriebszeit vortheilhaft zu machen"†††).

König selbst hat keine Formel für sein „Werthszunahmeprozent" aufgestellt. Nach seinen Andeutungen lässt sich jedoch folgender Ausdruck
construiren:

$$\frac{[A_{m+1} - A_m - (B + V)\, o,\, op]\, 100}{A_m}$$

Löscht man $(B + V)\, o, op$ in dem Zähler und bringt man hierfür, was nach
Seite 30 sich rechtfertigen lässt, $B + V$ in dem Nenner an, so lautet die Formel:

---

*) Siehe z. B. Cotta's Waldbau von 1817, Seite 8. — v. Thünen, der
isolirte Staat, 1826, zweite Auflage, 1842, I, S. 192. Es lässt sich vielleicht
aus Demjenigen, was v. Thünen über die Berechnung der landwirthschaftlichen Bodenrente sagt, der Schluss ziehen, dass v. Th. bei der Ermittlung
der Holzbestands-Verzinsung auch die Bodenrente und die jährlichen Kosten
berücksichtigen will; allein mit voller Bestimmtheit hat er sich hierüber in
demjenigen Abschnitte seines Werkes, welcher von der Forstwirthschaft handelt, nicht ausgesprochen.

**) König, Forstmathematik, 4. Auflage, § 418, 419.

***) A. a. O., § 430.

†) A. a. O., § 415.

††) A. a. O., § 413.

†††) A. a. O., § 441.

$$\frac{(A_{m+1} - A_m)\,100}{A_m + B + V}$$

Hinsichtlich der Grösse des Bodenwerthes, welcher in Rechnung zu nehmen ist, spricht sich König nicht bestimmt aus. Nach § 419 seiner „Forstmathematik" scheint er denjenigen Werth zu meinen, welchen der Boden bei einer andern als der forstlichen Benutzungsweise besitzt. Er sagt nämlich daselbst: „Hat ein Waldboden gar keinen andern Nutzungswerth, so dürfte das rohe Werthszunahme-Prozent des Bestandes auch zugleich für das ganze Waldgrundstück gelten." Dies wäre entschieden unrichtig, denn wenn ein Boden auch nur zur Holzzucht geeignet ist, so besitzt er doch immerhin denjenigen Werth, welcher sich aus dieser Benutzungsweise ableitet, und die Rente dieses Kapitalwerthes schmälert die Einnahme aus dem Holzbestande, muss also von letzterer in Abzug gebracht werden. Sicher ist, dass König, wenn er überhaupt einen Bodenwerth berechnet, diesen für alle Jahre der Umtriebszeit als constant annimmt. In diesem Falle durfte er aber nicht unterlassen, anzugeben, dass stets das Maximum des Boden-Erwartungswerthes unterstellt werden müsse, weil mit jedem andern Bodenwerth die Hiebsreife unrichtig bestimmt wird, wenn man (nach König) als Zeitpunkt der Hiebsreife denjenigen Moment betrachtet, in welchem das Werthszunahme-Prozent den Betrag von p erreicht hat. Geht man nämlich von irgend einem andern Bodenwerthe B aus, so gestaltet sich das Prozent der durchschnittlich-jährlichen Verzinsung grösser oder kleiner als p, je nachdem jener Bodenwerth kleiner oder grösser als das Maximum des Boden-Erwartungswerthes B_u ist. In diesem Falle wird aber auch das auf den Betrag von p gesunkene Werthszunahme-Prozent die finanzielle Umtriebszeit nicht treffen. Wollte man B festhalten, so müsste man zuerst dasjenige $\mathfrak{p}$ berechnen, welches sich bei Zugrundelegung von B ergibt, dann aber auch als Hiebreife des Bestandes denjenigen Zeitpunkt annehmen, in welchem das Werthszunahme-Prozent dieses $\mathfrak{p}$ erreicht hat. Lässt man aber dennoch den Hieb dann erfolgen, wenn das Werthszunahme-Prozent $= p$ geworden ist, so wird dasselbe für $B > B_u$ eine zu niedere, für $B < B_u$ eine zu hohe Umtriebszeit angeben. In dem letzteren Falle verzinst sich zwar B noch zu p Prozent, aber man büsst gleichzeitig auch den Gewinn ein, welcher sich ergeben haben würde, wenn man die Umtriebszeit u eingehalten und mit ihr eine durchschnittlich-jährliche Verzinsung erlangt hätte, deren Prozent $\mathfrak{p}$ grösser als p gewesen wäre. Es geht hieraus hervor, dass die König'sche Formel nur dann ein richtiges Resultat liefert, wenn man für B das Maximum des Boden-Erwartungswerthes einsetzt, und dass König die Theorie seines Werthszunahme-Prozentes unvollendet liess, indem er versäumte, diese Bedingung anzugeben. Freilich fehlten ihm hierzu die Mittel, weil er die Gesetze der durchschnittlich-jährlichen Verzinsung des Productionsaufwandes nicht kannte.

Pressler's Weiserprozent. Pressler stellte*) zur Bestimmung der Hiebsreife eines Baumes oder Bestandes die Formel

$$p_1 = \frac{(A_{m+1} - A_m)\,100}{A_m + B_m + V + C_m}$$

auf. Er erlangte dieselbe, indem er die Grösse der laufend-jährlichen Werthsmehrung $A_{m+1} - A_m$ für die Zeit vor und nach der Kulmination der jährlichen

---

*) Allgemeine Forst- u. Jagd-Zeitung von 1860, S. 55 und 188.

Rauhertragsrente ermittelte*). Nimmt man nämlich an, die Rauhertragsrente vom Jahr $m+1$ sei derjenigen vom Jahr m gleich, so hat man

$$\left(\frac{A_{m+1} + D_a \, 1,op^{m+1-a} + \ldots}{1,op^{m+1}-1}\right) o,op = \left(\frac{A_m + D_a \, 1,op^{m-a} + \ldots}{1,op^m-1}\right) o,op.$$

Bestimmt man aus dieser Gleichung A_{m+1}, so erhält man

$$A_{m+1} = \left(\frac{A_m + D_a \, 1,op^{m-a} + \ldots}{1,op^m-1}\right)(1,op^{m+1}-1) - (D_a \, 1,op^{m+1-a} + \ldots)$$

$$= \left(\frac{A_m + D_a \, 1,op^{m-a} + \ldots}{1,op^m-1}\right)(1,op^{m+1}-1) - (D_a \, 1,op^{m-a} + \ldots)1,op$$

Fügt man dem zweiten Gliede der Gleichung $A_m 1,op - A_m 1,op$ zu, so ist

$$A_{m+1} = \left(\frac{A_m + D_a \, 1,op^{m-a} + \ldots}{1,op^m-1}\right)(1,op^{m+1}-1)$$
$$- (A_m + D_a \, 1,op^{m-a} + \ldots)1,op + A_m 1,op$$

und wenn man $(A_m + D_a \, 1,op^{m-a} + \ldots)$ mit $\frac{1,op^m-1}{1,op^m-1}$ multiplizirt,

$$A_{m+1} = A_m 1,op + \left(\frac{A_m + D_a \, 1,op^{m-a} + \ldots}{1,op^m-1}\right)(1,op^{m+1}-1)$$
$$- \left(\frac{A_m + D_a \, 1,op^{m-a} + \ldots}{1,op^m-1}\right)(1,op^m-1)1,op$$
$$= A_m 1,op + \left(\frac{A_m + D_a \, 1,op^{m-a} + \ldots}{1,op^m-1}\right)(1,op^{m+1}-1-1,op^{m+1}+1,op)$$
$$= A_m 1,op + \left(\frac{A_m + D_a \, 1,op^{m-a} + \ldots}{1,op^m-1}\right)o,op.$$

Erwägt man nun, dass $A_m 1,op = A_m + A_m o,op$ und dass

$$\frac{A_m + D_a \, 1,op^{m-a} + \ldots - c \cdot 1,op^m}{1,op^m-1} - V = B_m,$$

wobei B_m den Boden-Erwartungswerth für die Umtriebszeit m bedeutet, dass somit auch

$$\frac{A_m + D_a \, 1,op^{m-a} + \ldots}{1,op^m-1} = B_m + V + C_m$$

ist, so erhält man

$$A_{m+1} = A_m + (A_m + B_m + V + C_m) o,op \quad \text{und}$$
$$A_{m+1} - A_m = (A_m + B_m + V + C_m) o,op.$$

Diese Gleichung gilt also, der obigen Voraussetzung gemäss, für den Fall, dass die Rauhertragsrente zweier aufeinander folgender Jahre sich gleich bleibt. Wäre sie dagegen eine steigende, so würde

---

*) Vergl. v. Seckendorff, Beiträge zur Waldwerthrechnung und forstlichen Statik, in den Supplementen zur Allgemeinen Forst- und Jagd-Zeitung, 6. Band, 3. Heft, Seite 164 ff.

$$A_{m+1} - A_m > (A_m + B_m + V + C_m)\, o,op,$$

wäre sie eine fallende, so würde

$$A_{m+1} - A_m < (A_m + B_m + V + C_m)\, o,op$$

sein. Wir können jedoch die Gleichung wieder herstellen, wenn wir statt des constanten p ein veränderliches p_1 einführen, und erhalten alsdann

$$A_{m+1} - A_m = (A_m + B_m + V + C_m)\, o,op_1.$$

und hieraus

$$p_1 = \frac{(A_{m+1} - A_m)\, 100}{A_m + B_m + V + C_m}$$

In der Zeit vor der Kulmination der Rauhertragsrente würde also p_1 grösser und nachher kleiner als p sein.

$B_m + V + C_m$ fasst Pressler unter dem Ausdruck Grundkapital*) G zusammen; es wäre also

$$p_1 = \frac{(A_{m+1} - A_m)\, 100}{A_m + G}$$

$\dfrac{A_{m+1} - A_m}{A_m + G}$ bezeichnet Pressler als „Weiserzuwachs“,

$$p_1 = \frac{(A_{m+1} - A_m)\, 100}{A_m + G} \quad \text{als „Weiserprozent“.}$$

Führt man nach König für $A_{m+1} - A_m$ den Werth $A_m \left(\dfrac{p_2 + p_3 + p_4}{100} \right)$ ein, so hat man

$$p_1 = \frac{A_m \left(\dfrac{p_2 + p_3 + p_4}{100} \right) 100}{A_m + G} = \frac{A_m\,(p_2 + p_3 + p_4)}{A_m + G};$$

dividirt man Zähler und Nenner dieses Bruches durch G, so erhält man

$$p_1 = \frac{\dfrac{A_m}{G}\,(p_2 + p_3 + p_4)}{\dfrac{A_m}{G} + 1}.$$

Setzt man, um abzukürzen, $\dfrac{A_m}{G} = r$, so ist das „Weiserprozent“

$$p_1 = (p_2 + p_3 + p_4)\, \frac{r}{r+1}$$

Pressler nennt $\dfrac{A_m}{G}$ den „relativen Holzwerth“, weil dieser Ausdruck das Verhältniss des $m$jährigen Bestands-Verbrauchswerthes zu dem ihm unterstehenden „wirthschaftlichen Grundkapital“ G angibt, den Quotienten $\dfrac{r}{r+1}$

---

*) Pressler nennt $B + V + C_m$ deswegen das Grundkapital, weil es „den physischen wie finanziellen, kurz den materiellen und wirklichen Grund darstellt, auf und in welchem alle Holzwirthschaft fusst und wurzelt und ohne welches dieselbe nicht möglich ist“. (Allg. Forst- u. Jagd-Zeitung von 1860, S. 43.) Jener Ausdruck kann jedoch Veranlassung zu Missverständnissen geben, weil die Landwirthe zum Grundkapital nur den Werth des Bodens und der Wirthschaftsgebäude zu rechnen pflegen. (Thär, Landwirthschaft 1837, I, 25; Burger, 1832, II, 397; Pabst, 1843, II, 2, 45). Man müsste daher, wenn man den Ausdruck „Grundkapital“ beibehalten wollte, noch „Betriebskapital“ zufügen.

bezeichnet er als „Reductionsbruch". Da das Weiserprozent mit dem Werthe des Reductionsbruches wächst, dieser aber mit der Grösse von r steigt, so empfiehlt Pressler, den relativen Holzwerth r gleich von Haus aus so gross als möglich zu machen, also auf dem thunlichst kleinsten Grundkapitale G das thunlichst werthvollste Holzkapital A_m zu fundiren, sodann aber dahin zu wirken, dass das erste und zweite Prozent (p_2 und p_3) sich immer auf gleicher Höhe halten.

Wie oben erwähnt wurde, machte bereits v. Seckendorff darauf aufmerksam, dass das Pressler'sche Weiserprozent nur darüber Aufschluss ertheilt, ob die Rauhertragsrente eines Baumes oder Bestandes den Zeitpunkt der Kulmination überschritten oder denselben noch nicht erreicht hat. Da nun aber die finanzielle Umtriebszeit in den Zeitpunkt der grössten Reinertragsrente (d. h. der Rente des grössten Boden-Erwartungswerthes) fällt, so gibt das Weiserprozent die Hiebsreife nicht ganz genau an. Der Unterschied ist freilich für die Praxis von geringer Bedeutung, die Wissenschaft kann denselben jedoch nicht ignoriren, weil sie sich nicht mit Näherungswerthen begnügen darf. v. Seckendorff zeigte indessen (a. a. O. S. 166), dass das Weiserprozent sich in eine korrecte Reinertragsformel umwandeln lässt, wobei dieselbe zugleich einen einfacheren, also für den praktischen Gebrauch geeigneteren, Ausdruck erhält. Unterstellt man nämlich anstatt der Gleichheit der Rauhertragsrenten diejenige der Reinertragsrenten, setzt man also

$$\left(\frac{A_{m+1} + D_a\,1,op^{m+1-a} + \ldots - c\cdot 1,op^{m+1}}{1,op^{m+1}-1} - V \right) 0,op =$$

$$\left(\frac{A_m + D_a\,1,op^{m-a} + \ldots - c\cdot 1,op^{m}}{1,op^{m}-1} - V \right) 0,op$$

und bestimmt man hieraus $A_{m+1} - A_m$, so findet man ganz auf demselben Wege, welcher oben zur Herleitung des Weiserprozentes aus der Rauhertragsrente eingeschlagen wurde, das Reinertrags-Weiserprozent

$$p_1 = \frac{(A_{m+1} - A_m)\,100}{A_m + B_m + V}$$

Es verschwindet also hier im Nenner das Kulturkostenkapital. Die Formel geht scheinbar in denselben Ausdruck über, welchen wir S. 35 zur Ermittlung des Prozentes der laufend-jährlichen Verzinsung des Productionsaufwandes entwickelt haben. Doch ist die Uebereinstimmung, wie gesagt, nur eine scheinbare; in der That findet noch ein bemerkenswerther Unterschied statt, welcher darin besteht, dass in unserer Formel (S. 35) B_u das Maximum des Boden-Erwartungswerthes vorstellt, während B_m in dem rektifizirten Weiserprozent denjenigen Bodenerwartungswerth bedeutet, welcher sich für das jeweilige Jahr der Untersuchung berechnet. Es ist also B_u in unserer Formel konstant, in der Weiserprozents-Formel variabel und muss hier für jedes m von Neuem eingeschätzt werden.

III. Die laufend-jährliche Verzinsung in ihren Beziehungen zur Umtriebszeit des grössten Boden-Erwartungswerthes, nach den Untersuchungen des Verfassers. Der Weg, welchen der Verfasser (in seiner „Anleitung zur Waldwerthrechnung", 1865) einschlug, um mittelst der Werthszunahme eines Bestandes die Hiebsreife des letzteren zu bestimmen, ist von den Verfahren König's und Pressler's durchaus verschieden. Der Verfasser wurde auf diesen Weg durch das Bestreben geführt, die zwischen dem laufend-jährlichen und dem durchschnittlich-jährlichen Holzzuwachs stattfindenden Beziehungen, welche der Rauhertragslehre seither zur Bemessung der Hiebs-reife gedient hatten, auf die Reinertragslehre zu übertragen. Um das von ihm verfolgte Ziel genauer zu bezeichnen, ist er genöthigt, etwas weiter auszuholen.

Als man noch der Ansicht war, dass die vortheilhafteste Umtriebszeit diejenige sei, bei welcher durchschnittlich-jährlich die grösste Holzmasse (oder der grösste Geldwerth) erzeugt wird, boten sich zur Bestimmung der Hiebs-reife eines Bestandes zwei directe Wege dar: die Anwendung einer Ertrags-tafel (in Verbindung mit der Ermittlung des Bestandsalters) und die Unter-suchung des jährlichen Durchschnittszuwachses in mindestens zweien aufein-ander folgenden Jahren. Beide Wege waren indessen mit nicht unerheblichen Schwierigkeiten behaftet. Der erste setzte voraus, dass man zuverlässige Local-Ertragstafeln zur Hand habe, an welchen es jedoch in der Regel fehlt; der zweite führte nicht schnell genug zum Ziele, lieferte auch in der Nähe der Kulmination nicht hinreichend scharfe Resultate, weil in diesem Zeitraum die jährliche Aenderung des Durchschnittszuwachses zu gering ist. Unter diesen Umständen gab ein Satz der Holzzuwachslehre ein vortreffliches Hülfsmittel ab, um ohne Anwendung von Ertragstafeln und in kürzester Frist den Grad der Hiebsreife eines Baumes oder Bestandes zu bestimmen. Dieser Satz lautet: der laufend-jährliche Zuwachs ist vor dem Zeitpunkt, in welchem der durch-schnittlich-jährliche Zuwachs kulminirt, grösser und nachher kleiner, als der zugehörige Durchschnitts-Zuwachs (siehe **Note 13**). Man brauchte daher diese beiden Arten von Zuwachs nur gleichzeitig zu untersuchen; fand man den laufend-jährlichen Zuwachs grösser als den durchschnittlich-jährlichen, so war hiermit angezeigt, dass die Kulmination des letzteren noch nicht eingetreten sei — im entgegengesetzten Falle hatte der Bestand sie bereits überschritten.

Nachdem man jedoch erkannt hatte, dass über die Auswahl der forst-lichen Betriebsmassregeln nicht der Rauhertrag (also nicht die Holzmasse oder deren Geldwerth), sondern der Reinertrag entscheidet, und dass die vortheil-hafteste Umtriebszeit diejenige ist, für welche der grösste Unternehmergewinn oder die grösste durchschnittlich-jährliche Verzinsung des Productionsauf-wandes sich berechnet; nachdem man ferner bei der directen Bestimmung dieser beiden Momente auf ähnliche Schwierigkeiten gestossen war, wie bei der directen Untersuchung des durchschnittlich-jährlichen Holzzuwachses, so trat das Bedürfniss ein, den oben angeführten Satz in analoger Weise auf die Reinertragslehre anzuwenden.

Durch Hundeshagen und König war die durchschnittlich-jährliche Ver-zinsung des Productionsaufwandes bereits der Sache nach ausfindig gemacht worden; man hatte sie nur noch mit dem rechten Namen zu belegen. Es handelte sich weiter darum, den Begriff der laufend-jährlichen Verzinsung aufzustellen und dieser die nämliche Grundlage zu geben, auf welcher die durchschnittlich-jährliche Verzinsung ruht. Man durfte also die laufend-jähr-liche Verzinsung nicht als etwas Fertiges annehmen, sondern musste sie aus ihren Elementen (den Productionskosten) construiren.

Die Analogie mit dem oben erwähnten Satze der Holzzuwachslehre gab die Vermuthung an die Hand, dass die laufend-jährliche Verzinsung vor dem Zeitpunkt, in welchem die durchschnittlich-jährliche kulminirt, grösser und

nachher kleiner sein werde, als diese letztere Verzinsung. Der Versuch, den
Beweis dieses Satzes auf directem Wege zu führen, stiess jedoch auf Schwierigkeiten. Man musste daher einen Umweg einschlagen, also Hülfssätze kon-
struiren. Als solche boten sich dar:

1. die durchschnittlich-jährliche Verzinsung ist am grössten in dem Zeitpunkt, in welchem der Boden-Erwartungswerth kulminirt;

2. führt man in den Productionsfonds der durchschnittlich-jährlichen Verzinsung für B den Boden-Erwartungswerth ein, so ist das Prozent dieser
   Verzinsung gleich dem der Rechnung zu Grunde gelegten Wirthschafts-
   prozente p. (Siehe Seite 26.)

Indem man nun in dem Productionsfonds der laufend-jährlichen Verzinsung ebenfalls den Boden-Erwartungswerth der Umtriebszeit u, also das
Maximum des Boden-Erwartungswerthes unterstellte, gelang es, den in Frage
stehenden Satz vollständig zu beweisen. (Siehe Seite 25.)

Es handelte sich jetzt nur noch darum, der Formel

$$p_l = \frac{(A_{m+1} - A_m)\,100}{HK_m + B_u + V},$$

welche man für das Prozent der laufend-jährlichen Verzinsung erhalten hatte,
einen praktischen Ausdruck zu geben. Dies erreichte man, indem man A_m
für HK_m substituirte. Es ergab sich so die Formel:

$$p_l = \frac{(A_{m+1} - A_m)\,100}{A_m + B_u + V}$$

Nachdem durch Einführung des Maximums des Boden-Erwartungswerthes
in die Formel für die laufend-jährliche Verzinsung die Abhängigkeit der letzteren von der finanziellen Umtriebszeit hergestellt war, bedurfte die laufend-
jährliche Verzinsung einer Anlehnung an die durchschnittlich-jährliche Verzinsung nicht mehr. In der That lässt sich der auf Seite 24 enthaltene Satz
beweisen, ohne dass man die Beziehungen zwischen den beiden Verzinsungsarten im Auge hat. Der Verfasser hielt es aber doch für nützlich, den Weg
anzugeben, welcher ihn zu jenem Satze führte, weil er überzeugt ist, dass
hierdurch das Wesen dieser beiden Verzinsungsarten in ein helleres Licht
gesetzt wird.

2. Veränderlichkeit der finanziellen Umtriebszeit. Diejenigen Umstände, welche auf die Beschleunigung oder Verspätung
der Kulmination des Boden-Erwartungswerthes einen Einfluss ausüben, bewirken selbstverständlich auch, dass die finanzielle Umtriebszeit früher oder später eintritt. Letztere ist also keine konstante
Grösse, sondern veränderlich. Folgende Faktoren kommen hier hauptsächlich in Betracht:

A. Grösse und Eingangszeit der Nutzungen. Weniger
durch zeitigere Vornahme der Zwischen- und Nebennutzungen, als
durch Einlegen von solchen Nutzungen, welche bisher noch nicht
stattgefunden hatten (z. B. landwirthschaftlichen Zwischenbau,

namentlich zu Anfang der Umtriebszeit) kann der Eintritt der finanziellen Umtriebszeit beschleunigt werden*).

B. Grösse der Productionskosten. Die jährlichen Kosten üben keinen oder nur einen sehr geringen Einfluss in vorgedachter Beziehung aus, weil sie für alle Umtriebszeiten entweder gleich sind oder doch nur wenig differiren**). Eher schon die Kulturkosten; eine Erhöhung derselben schiebt den Eintritt der finanziellen Umtriebszeit weiter hinaus, und umgekehrt. Doch muss die Steigerung beziehungsweise Verminderung der Kulturkosten schon sehr bedeutend sein, wenn die Aenderung der Umtriebszeit einige Jahre betragen soll***).

C. Höhe des Zinsfusses. Am meisten influirt auf die Kulmination des Boden-Erwartungswerthes die Grösse des Zinsfusses, und zwar fällt durch Verminderung desselben die Kulmination auf einen späteren Zeitpunkt, und umgekehrt†). Der Gang des Zinsfusses ist schwer vorauszubestimmen. Im Allgemeinen pflegt der Zinsfuss mit dem Steigen der Kultur zu sinken. Doch kommen auch Ausnahmen vor, z. B. wenn plötzlich neue Productionsarten auftauchen, welche grosse Mengen von Kapital in Anspruch nehmen, oder wenn sich Gelegenheit bietet, Kapitalien in minder kultivirte Länder mit hohem Zinsfusse überzusiedeln††).

D. Preise der Forstproducte.

Eine im Voraus berechnete Umtriebszeit wird für die Folge nur dann konstant bleiben, wenn die Preise der Sortimente sich nicht einseitig ändern. Um daher festzustellen, ob eine bestehende Umtriebszeit beizubehalten, oder ob und um welchen Betrag dieselbe zu ändern sei, müssen die künftigen Holzpreise ermittelt werden. Den einzig sicheren Anhaltspunkt hierzu bietet das Gesetz dar, nach welchem der Holzpreis in den vorhergehenden Jahren sich änderte. Man trägt zur Erforschung dieses Gesetzes die Preise, welche für ein bestimmtes Sortiment im Laufe der letztverflossenen *a* Jahre erzielt wurden, als die Ordinaten einer Kurve auf und verlängert die-

---

*) v. Seckendorff: Beiträge zur Waldwerthrechnung und zur forstlichen Statik. Supplemente zur Allgemeinen Forst- u. Jagdzeitung von 1868, IV. Band, 3. Heft, S. 151—160.

**) Am grössten wird die Differenz dann ausfallen, wenn nicht blos die Umtriebszeit, sondern auch die Betriebsart verschieden ist.

***) v. Seckendorff, a. a. O., S. 152.

†) v. Seckendorff, a. a. O., S. 160. Einen umfassenden Nachweis des Einflusses der Erträge und der Kosten auf die Kulmination des Boden-Erwartungswerthes hat J. Lehr geliefert. Siehe **Note 14.**

††) Roscher: Grundlagen der Nationalökonomie, 6. Aufl., S. 371—381.

selbe nach Massgabe ihres bisherigen Verlaufes; oder man ermittelt,
wenn es sich um grössere Genauigkeit handelt, die Gleichung der
Kurve und bestimmt hiernach den Holzpreis für einen späteren Zeitpunkt. Je grösser die Zahl der Jahre ist, für welche Beobachtungen
über die Holzpreise vorliegen, und je kleiner man den Zeitraum
annimmt, für welchen die künftigen Preise ermittelt werden sollen,
um so zuverlässiger wird das Resultat sich gestalten.

Besondere Beachtung verdienen die Aenderungen der finanziellen Umtriebszeit in Folge vermehrten Angebotes an schwächeren
Sortimenten. Berechnet man nämlich die finanzielle Umtriebszeit
mit Hülfe einer Ertragstafel und mit Zugrundelegung der gegen-
wärtigen Holzpreise, so kann es sich ereignen, dass dieselbe niedriger
ausfällt, als die Umtriebszeit, mit welcher ein Wald bisher behandelt
wurde. Wollte man nun die berechnete Umtriebszeit in Wäldern
von grösserem Umfange einführen, so würde der Etat künftighin
vorzugsweise aus etwas schwächeren Sortimenten bestehen, daher
der Preis der letzteren (wegen Ueberfüllung des Marktes) sinken. Es
würde also die berechnete Umtriebszeit nachträglich sich als unstich-
haltig erweisen. Da nun die Wiederherstellung konsumirter Holzvorräthe mit mannichfachen Schwierigkeiten verknüpft ist, so ergibt
sich aus Vorstehendem die Regel, bei dem Uebergange von höheren
Umtriebszeiten zu der finanziellen Umtriebszeit mit Vorsicht zu verfahren. Man wird also von vornherein nur einen kleinen Theil
des Vorrathsüberschusses hinwegnehmen dürfen und vorerst einmal
abwarten müssen, welchen Einfluss das vermehrte Angebot von
schwächeren Sortimenten auf den Stand der Holzpreise ausübt, um
dann mit den veränderten Holzpreisen die finanzielle Umtriebszeit
von Neuem zu berechnen.

3. Herstellung der finanziellen Umtriebszeit.

Stimmt die thatsächlich eingeführte Umtriebszeit u mit der
finanziellen u nicht überein, so arbeitet die Wirthschaft mit Verlust
(s. S. 33). Dieser lässt sich bestimmen:

A. Nach dem Unternehmergewinn.

a. Aussetzender Betrieb. Nennt man B_u den Boden-
Erwartungswerth der finanziellen ($u$jährigen) Umtriebszeit, B_u denjenigen einer andern ($u$jährigen) Umtriebszeit, B den Boden-Kostenwerth, so stellt $B_u - B$ den Jetztwerth des gesammten Unternehmergewinns für die Umtriebszeit u, $B_u - B$ den Unternehmergewinn für die Umtriebszeit u vor. Es ist demnach $B_u - B - (B_u - B)$
$= B_u - B_u$ der Verlust, welchen die Umtriebszeit u gegenüber der
Umtriebszeit u ergibt.

Beispiel. Unterstellen wir die in Tabelle A verzeichneten Erträge, sowie $c = 8$, $v = 1,2$, $p = 3$, so fällt die finanzielle Umtriebszeit in das 70. Jahr, für welches $B_u = 120,8532$ sich berechnet. Setzen wir $u = 90$, so finden wir $B_u = 89,3312$. Es ist demnach der Jetztwerth des Gesammtverlustes bei Einhaltung der 90jährigen Umtriebszeit $= 120,8532 - 89,3312 = 31,522$. Der jährliche Verlust würde $31,522 \cdot 0,03 = 0,946$ pro Hectare betragen.

b. Für den jährlichen Betrieb berechnet sich der .Verlust (s. S. 14) nach der Formel

$$A_u + D_a + \ldots + D_q - (u B_u + u N + u V) 0, op - c$$

$$- [A_u + D_a + \ldots + D_r - (u B_u + u \Re + u V) 0, op - c] \frac{u}{u}$$

$$= A_u + D_a + \ldots + D_q - u N \cdot 0, op - c$$

$$- (A_u + D_a + \ldots + D_r - u \Re \cdot 0, op - c) \frac{u}{u}.$$

Beispiel. Führt man in vorstehende Formel die Zahlenwerthe des vorigen Beispiels ein, so erhält man als jährlichen Verlust pro Hectare $\frac{419,2}{90} = 4,6576$. Addirt man hierzu nach Note 7 noch

$$\frac{(B_u - B_u)(1, op^u - 1) - u (B_u - B_u) 0, op}{90} = -3,713,$$

so ergibt sich als jährlicher Verlust pro Hectare $4,658 - 3,713 = 0,945$, wie bei dem aussetzenden Betriebe.

B. Nach der Verzinsung des Productionsaufwandes.

a. Ermittlung der Verzinsung eines Vorrathsüberschusses. Nennen wir R_u den Rauhertrag, P_u das Productionskapital der Umtriebszeit u, R_u den Rauhertrag, P_u das Productionskapital der finanziellen Umtriebszeit u, so wird $\frac{R_u}{P_u}$ die Verzinsung des Produktionskapitals für die finanzielle Umtriebszeit u, $\frac{R_u}{P_u}$ für die Umtriebszeit u, $\frac{R_u - R_u}{P_u - P_u}$ die Verzinsung des Unterschiedes der beiden Productionskapitalien sein (s. S. 28). Da nun aber in letzteren das Kulturkostenkapital im Verhältniss zu den anderen Bestandtheilen des Productionsfonds einen geringen Werth besitzt, so kann man $\frac{R_u - R_u}{P_u - P_u}$ annähernd auch als die Verzinsung des Vorrathsüberschusses betrachten.

Beispiel. Für die in Tabelle A verzeichneten Erträge, sowie für $c = 8$, $v = 1,2$ und $p = 3$ berechnet sich das Maximum des Boden-Erwartungswerthes mit $120,8532$ Thlr. für die 70jährige Umtriebszeit. Setzt man nun den Boden-Kostenwerth auch gleich $120,8532$, so folgt aus Seite 26, dass das Prozent p der durchschnittlich-jährlichen Verzinsung des Productionskapitals für diese Umtriebszeit $= 3$ ist.

Für $u = 90$ berechnet sich beim jährlichen Betriebe

$$\mathfrak{p}_1 = \frac{(A_u + D_a + \ldots + D_r)\, p}{(B + V + C_u)\,(1, op^u - 1) - [D_a\,(1, op^{u-a} - 1) + \ldots + D_r\,(1, op^{u-r} - 1)]}$$

$$= \frac{4651,2}{1969,996} = 2,36.$$

Für den Unterschied der beiden Productionskapitalien, bzw. für den Vorraths-Ueberschuss findet man das Verzinsungsprozent

$$\mathfrak{p}_2 = \frac{130 \cdot 100}{15195,6} = 0,855.$$

Bei dem jährlichen Betriebe ist die Verzinsung von $P_u - P_u$ für $R_u - R_u > 0$ positiv, für $R_u - R_u = 0$ ebenfalls Null, und für $R_u - R_u < 0$ negativ.

Es ergibt sich hieraus und insbesondere auch aus Satz 4 Seite 27, dass ein Steigen der Rauhertragsrente mit einer Verzinsung unter dem Betrage des geforderten Wirthschaftsprozentes, also mit einem Verluste verbunden sein kann.

b. Ermittlung des Preises, zu welchem ein Vorrathsüberschuss versilbert werden darf. Die Nutzung eines Vorrathsüberschusses stellt sich finanziell als räthlich dar, wenn es möglich ist, von den dem Walde zu entnehmenden Kapitalien mittelst anderweitiger, gleich sicherer, Anlage eine höhere Rente zu erzielen. Häufig bietet die Waldwirthschaft selbst zu einer derartigen Anlage Gelegenheit, sei es, dass der Waldeigenthümer Waldungen neu erwirbt, oder diejenigen, welche er bereits besitzt, verbessert (z. B. durch Bauen von Waldwegen, Vornahme von Entwässerungen etc.).

Das Kapital, welches durch Versilberung eines Vorrathsüberschusses flüssig gemacht werden kann, ist jedoch nicht etwa der Differenz der Kostenwerthe der beiden Vorräthe gleich, weil der Verkaufswerth derjenigen Holzbestände, welche älter als u jährig sind, sich nicht nach dem Kostenwerthe, sondern nach dem Verbrauchswerthe bemisst.

Beträchtliche Vorrathsüberschüsse werden sich in der Regel ohne Verlust nicht auf einmal verwerthen lassen, weil die Vermehrung des Angebotes ein Sinken der Holzpreise zur Folge hat. In diesem Falle wird man also darauf verzichten müssen, die finanzielle Umtriebszeit in kürzester Frist einzuführen; man wird vielmehr einen grösseren „Ausgleichungszeitraum" festzustellen haben, innerhalb dessen der wirkliche Vorrath auf den Betrag des normalen zu reduziren ist, oder man wird den Etat immer nur für ein Jahr bestimmen und das Quantum des zu verwerthenden Holzes nach den augenblicklich herrschenden Preisen bemessen.

Uebrigens hindert das Sinken des Holzpreises in Folge vermehrten Angebotes die Nutzung eines Vorrathsüberschusses nur dann, wenn dasselbe ein gewisses Mass überschreitet. Nach Schlich*) ermittelt man das Minimum des Preises, zu welchem die Verwerthung des Holzes noch erfolgen darf, folgendermassen. Es· sei D der Vorrathsüberschuss, $\mathfrak{p}_2$ das Prozent, zu welchem der letztere im Walde rentirt, K das Kapital, welches durch Verwerthung des Vorrathsüberschusses zu erlangen ist, p das Prozent, zu welchem K verzinslich angelegt werden kann, so muss, wenn die Rente von K gleich der im Walde erfolgenden Verzinsung des Vorrathsüberschusses sein soll,

$$K \cdot 0, op = D \cdot 0, o\mathfrak{p}_2$$

sein. Hieraus ergibt sich

$$K = D \cdot \frac{\mathfrak{p}_2}{p}.$$

Stellt r die Zahl der Masseinheiten (z. B. der Kubikmeter) vor, welche der Vorrathsüberschuss enthält, x den Preis pro Masseinheit, so ist

$$r x = K; \quad x = \frac{K}{r} = \frac{D}{r\,p}\,\mathfrak{p}_2.$$

Das Fallen der Holzpreise, welches durch Verwerthung des Vorrathsüberschusses bewirkt werden kann, erstreckt sich selbstverständlich auch auf den regulären Etat E, welcher neben dem Vorrathsüberschusse zur Nutzung gelangt. Anstatt E wird sich nur ein Erlös E_1 ergeben. Soll dieser Verlust nicht stattfinden, so muss die Möglichkeit vorhanden sein, den Vorrathsüberschuss zu einem Preise K_1 zu verwerthen, durch welchen zugleich der Mindererlös $E - E_1$ gedeckt wird. Für den Fall, dass der Vorrathsüberschuss auf einmal genutzt werden kann, hat man die Bedingungsgleichung

$$K_1 \cdot 0, op + E_1 = D \cdot 0, 0\,\mathfrak{p}_2 + E, \text{ aus welcher}$$

$$K_1 = \frac{D \cdot 0, o\mathfrak{p}_2 + E - E_1}{0, op}$$

folgt. Setzen wir wieder $K_1 = r\,x$, so ist

$$r x = \frac{D \cdot 0, o\mathfrak{p}_2 + E - E_1}{0, op},$$

$$x = \frac{D \cdot 0, o\mathfrak{p}_2 + E - E_1}{r \cdot 0, op} = \frac{D}{r\,p}\,\mathfrak{p}_2 + \frac{E - E_1}{r \cdot 0, op}.$$

Muss die Nutzung des Vorrathsüberschusses auf mehrere Jahre vertheilt werden, so hat man die Jetztwerthe der Erträge mittelst der Disconto-Rechnung zu bestimmen.

---

*) Allgemeine Forst- und Jagdzeitung von 1866, S. 217.

III. Sonstige Umtriebszeiten. In der forstlichen Literatur findet man noch folgende Umtriebszeiten empfohlen.

1. Die technische Umtriebszeit. So hat man diejenige Umtriebszeit genannt, bei welcher das Holz „die zu einem gewissen Behuf durchaus nothwendige Grösse" erreicht*). Da das Holz in sehr verschiedenen Stärken verwendbar ist, so kann die technische Umtriebszeit fast alle Holzalter treffen. Stimmt die gewählte Umtriebszeit nicht mit der finanziellen überein, so ergibt die Wirthschaft einen Verlust. Ungeachtet des letzteren verlangen Viele von

---

*) Definition **Hundeshagen's.** Encyklopädie der Forstwissenschaft, 2. Auflage, I, 182. Hundeshagen unterscheidet weiter die **natürliche** oder **physische Haubarkeit** als dasjenige Alter, bei welchem das Holz zur Fortpflanzung aus dem Samen oder zum Wiederausschlag am fähigsten ist, und die **ökonomische Haubarkeit**, bei welcher ein Bestand durch seine Abholzung dem wirthschaftlichen Bedürfnisse gerade entspricht. Uebrigens werden die verschiedenen Haubarkeitszeiten von den forstlichen Schriftstellern nicht immer in übereinstimmender Weise definirt. So z. B. versteht **Jeitter** (Systematisches Handbuch der theoretischen und praktischen Forstwirthschaft, 1789, S. 45) unter **physischer Haubarkeit** diejenige Zeit, „worin jede Holzart nach den Absichten ihrer Behandlung die grösste Vollkommenheit erreicht hat," und unter **ökonomischer Haubarkeit** diejenige Zeit, „worin sowohl einzelne Stämme als ganze Wälder ihren grössten Werth erlangt haben." — **Hossfeld** (Diana, 3. Band, 1805, S. 100) unterscheidet die Zeit des vortheilhaftesten Abtriebes *a.* in Absicht der grössten Holzmasse, *b.* der meisten Brennbarkeit, *c.* der grössten Güte des Holzes zum Bau- und Nutzholz, *d.* der grössten Revenue. G. L. **Hartig** (Die Fortwissenschaft in ihrem ganzen Umfange, 1832, S. 18) nennt einen Bestand **physikalisch haubar,** wenn die Bäume entweder Alters halber nicht mehr beträchtlich wachsen, oder wenn sie wegen der schlechten Beschaffenheit des Bodens und der Ortslage nur noch einen unbedeutenden Zuwachs haben; **ökonomisch haubar,** wenn der Bestand so alt ist, als er in Rücksicht auf Boden und Lage werden muss, um, im Durchschnitt genommen, den stärksten jährlichen Zuwachs geliefert zu haben, und zugleich Holz zu geben, das eine den Bedürfnissen vorzüglich entsprechende Stärke und Güte hat; **merkantilisch haubar,** wenn das Holz so stark geworden ist, als es den Umständen und Verhältnissen nach sein muss, um dem Eigenthümer von seiner Waldfläche den grössten Geldertrag zu verschaffen, der durch Berechnung des Erlöses aus dem Holze und der Zinsen in einem angenommenen Zeitraume zu erlangen ist. **Pressler** (Allg. Forst- und Jagd-Zeitung, 1860, S. 48) versteht unter **ökonomischer Haubarkeit** die Zeit der wahren wirthschaftlichen Reife der Hölzer, mithin unsere „finanzielle" Umtriebszeit. Hätte dieser letzte Ausdruck sich nicht schon zu sehr eingebürgert, so würden wir vorschlagen, an seine Stelle „ökonomische" Haubarkeit, und zwar mit dem von Pressler unterlegten Begriffe, zu setzen. Denn viele Missverständnisse, welche in Bezug auf das Wesen der einträglichsten Umtriebszeit zu Tage getreten sind, knüpfen sich lediglich an das Wort „finanziell", welches man in seiner Anwendung auf die Forstwirthschaft häufig mit einer üblen Nebenbedeutung zu gebrauchen pflegt.

dem Staate (weniger von dem Privaten), dass er seine Waldungen mit technischen Umtriebszeiten behandle und dass er namentlich solche Umtriebszeiten, welche die Höhe der finanziellen überschreiten, nicht ausschliesse. Man hat diese Forderung durch folgende Gründe zu rechtfertigen gesucht:

A. **Der Staat habe als solcher die Verpflichtung, den Bedarf seiner Angehörigen an allen Holzsortimenten zu befriedigen.**

Hiergegen lässt sich jedoch Folgendes einwenden:

a. Wollte man die, wiewohl noch streitige Frage, ob eine derartige Verpflichtung für den Staat wirklich vorliege, auch bejahen, so könnte man dem Staate doch offenbar nur zumuthen, für das nothwendige, nicht aber zugleich für dasjenige Holz zu sorgen, welches bei sparsamem Verbrauche, zweckmässiger Anlage der Feuerungen, Benutzung von Surrogaten etc. entbehrt werden kann*). Die Feststellung des nothwendigen Holzbedarfs mittelst directer Untersuchung stösst jedoch auf unüberwindliche Schwierigkeiten. Denn

α. **nach dem wirklichen Verbrauche** kann der nothwendige Bedarf nicht bemessen werden, weil jener auch das Entbehrliche, insbesondere die Holzverschwendung in sich begreift. Man würde letztere in der That festhalten, wenn man die Einrichtung der Wirthschaft auf den wirklichen Verbrauch gründen wollte**).

β. Eine Begutachtung des nothwendigen Holzbedarfs durch sogenannte **Sachverständige** liefert ebenfalls kein zuverlässiges Resultat, weil der Begriff des Nothwendigen überhaupt nur ein relativer ist und Niemand die Bedürfnisse eines Andern richtig zu beurtheilen vermag. Was für den Einen entbehrlich ist, kann selbst unter sonst ganz gleichen äusseren Verhältnissen für den Andern nothwendig sein. Das Holzbedürfniss der Gewerbe, namentlich solcher, welche einer Erweiterung ihres Betriebes fähig sind, zutreffend zu bemessen, ist eine nicht zu lösende Aufgabe***).

---

*) Mehr verlangen auch diejenigen Schriftsteller nicht, welche für Staatswaldungen die Einhaltung technischer Umtriebszeiten fordern. So z. B. Moser (Forstökonomie, 1757, S. 102): „Dann vom Nothwendigen ist hier ohnedem nur die Rede". Ferner Cotta, Forst-Einrichtung und Abschätzung, 1820, S. 26; v. Berg, Staatsforstwirthschaftslehre, 1850, S. 248.

**) Diese Ansicht sprach Pfeil bereits 1822 in seinen „Grundsätzen der Forstwirthschaft in Bezug auf die Nationalökonomie und die Staatsfinanzwissenschaft", I, 228, aus.

***) Pfeil a. a. O., I, 219, 224. — Eine Begutachtung der „wesentlichen" Holzbedürfnisse durch Sachverständige verlangten u. A. v. Burgsdorff (Forst-

4 *

γ. **Den Holzkonsumenten** selbst kann man die Abschätzung nicht überlassen, weil keine Gewähr darüber vorliegt, dass dieselben das wahre Bedürfniss von dem eingebildeten gehörig trennen werden*).

Man braucht nur die Verfahren, welche zur Ermittlung des nothwendigen Bedarfs an Waldnutzungen vorgeschlagen wurden, kennen zu lernen, um sich sogleich davon zu überzeugen, dass dieselben nicht durchführbar sind. So z. B. fordert **Meyer****):

1. dass man wisse, was die in einem Staate liegenden Städte, Dörfer, Höfe und andere Gebäude und Gewerke jährlich an Brennholz nothwendig konsumiren, wenn deren Bewohner oder Gewerbe treibenden Personen ihren Haushalt bequem und nothdürftig erhalten und ihre Gewerbe fortsetzen sollen;

2. dass diejenigen Gewerke, welche jährlich ein gewisses Quantum Holz als Kohlen konsumiren, aufgezeichnet werden;

3. dass nicht nur die Anzahl der vorhandenen Gebäude, die aus Holz ganz oder zum Theil gebaut sind, verzeichnet werde, sondern auch nach einem gehörigen Ueberschlag, was für und wie viel Bauholz theils zu Reparaturen, theils zu neuen Gebäuden erforderlich ist;

4. dass man bestimme, was für Sorten, von welchen Holzarten und in welcher Quantität Werkhölzer zum nothwendigen Betrieb der Handwerker und zur Belebung der Industrie gehören;

5. was für Nutz- und Oekonomiehölzer erforderlich sind;

6. ob gewisse Personen und Gemeinheiten auf Holz berechtigt sind, und wie?

7. ob die übrigen Servituten, als die Huten, Jagd etc. einen nachtheiligen Einfluss auf die Production des Holzes haben, und daher wenigstens unmittelbar konsumiren und wie.

Diejenigen Schriftsteller, welche den Begriff des nothwendigen Holzbedarfs zu definiren versuchten, geben für denselben so allgemeine Anhaltspunkte, dass sich hieraus fast jede beliebige Grösse ableiten lässt. So z. B. erklärt v. Berg***): „Nothwendig ist, dass die Bewohner eines Landes sich in solchen Wohnungen aufhalten, wo sie gegen die Einflüsse der Witterung geschützt sind, dass sie sich erwärmen und ihre Speisen bereiten können. Nicht nothwendig ist es, ein ganzes Haus zu heizen, wie es regelmässig in Russland geschieht." Innerhalb dieser Grenzen soll nun der nothwendige Holzbedarf nach Massgabe des Klima's, der Bauart der Wohnungen, der Art und Weise der Beschäftigung und Lebensart, der Beschaffenheit des Holzes, der Sitten und Gewohnheiten des Landes, der Benutzung von Surrogaten genauer be-

handbuch, 2. Auflage, 1797, II, 311) und **Georg Ludwig Hartig** (Grundsätze der Forstdirection, S. 127). Letzterer will die Holzbedürfnisse eines Landes, und zwar von jeder Stadt, jedem Dorf und Amte, durch die **Justiz-** und **Forstbeamten** gemeinschaftlich aufnehmen lassen. Dieselben Beamten sollen die Angaben der Holzbedürfnisse und Zwecke genau untersuchen bezw. moderiren.

*) Pfeil, a. a. O., S. 219.
**) Forstdirectionslehre, 1810, S. 78.
***) v. Berg, a. a. O., S. 248.

stimmt werden. Allein jeder dieser Anhaltspunkte ist selbst wieder so ver-
rückbar, dass dem subjectiven Urtheil des Schätzenden immer noch ein sehr
bedeutender Spielraum bleibt. Mit Recht sagt daher Pfeil*): „Die Aus-
mittlung der Bedürfnisse gehört in die Reihe der Unmöglichkeiten."

b. Gesetzt es sei (was wir jedoch nach dem Vorhergehenden
für unausführbar halten) dem Staate gelungen, den Holzbedarf
seiner Angehörigen ausfindig zu machen, so würde er, um jedem
die Befriedigung seines Bedarfs zu sichern, den Vertrieb des Holzes
in das Ausland nicht gestatten, ja sogar das Holz nicht an den
Meistbietenden verkaufen, sondern dasselbe nur nach festen Taxen
abgeben dürfen — Massregeln, welche die Wissenschaft und die
Praxis längst verurtheilt hat.

Reicht die mögliche Holzproduction nicht hin, um den als nothwendig
erkannten Bedarf zu decken, so müsste eine Repartition stattfinden, für welche
jeder Massstab fehlt.

Eine besondere Verlegenheit erwächst für Diejenigen, welche dem Staate
die Verpflichtung zur Befriedigung der Holzbedürfnisse seiner Angehörigen
zuweisen wollen, aus dem Umstande, dass die Bevölkerung und mit ihr das
Holzbedürfniss sich fortwährend vermehrt, während die Holzerzeugung doch
nicht in gleichem Masse gesteigert werden kann — eine Verlegenheit, welche
Meyer**) zu der von seinem Standpunkte aus ganz logischen Forderung trieb,
der Staat müsse verhüten, dass die Bevölkerung und die Holzkonsumtion in
Zukunft mehr wachse, als der „festgesetzte Naturalertrag" gestatte.

Aus dem Vorstehenden ergibt sich, dass der Staat den
sog. nothwendigen Holzbedarf nicht zu ermitteln vermag,
denselben auf directem Wege (also durch Anzucht der
gewünschten Sortimente) auch nicht einmal befriedigen
könnte. Indirect kann der Staat aber allerdings für die Beschaffung des wahren und eingebildeten Holzbedarfs (beide lassen sich
nicht trennen) sorgen, wenn er seine Waldwirthschaft so einrichtet,
dass dieselbe den grössten reinen Ertrag abwirft. Denn da letzterer, wenn auch nur mittelbar, den einzelnen Staatsbürgern zu
Gute kommt, so erhalten dieselben hierdurch aus dem Walde selbst
den grösstmöglichen Betrag, um für den Bezug des benöthigten
Holzes nach eigenem Ermessen zu sorgen. Diese Art der Wald-
bewirthschaftung führt aber auf die finanzielle Umtriebszeit.

Zur Rechtfertigung einer höheren als der finanziellen Umtriebszeit, insbesondere in den Staatswaldungen, hat man weiterhin
vorgebracht:

---

*) A. a. O., I, 219. Dieselbe Ansicht finden wir übrigens auch schon bei
Krug (Betrachtungen über den Nationalreichthum des preussischen Staates,
1805, II, 455).

**) A. a. O., S. 81.

B. Manche Gewerbe, welche stärkerer Holzsortimente bedürfen, könnten nicht bestehen, wenn sie letztere nach dem Kostenpreise bezahlen sollten; das Staatsvermögen erleide jedoch dadurch, dass das mittelst höherer Umtriebszeiten erzogene Holz an Gewerbtreibende unter dem Kostenpreise abgegeben werde, keinen Verlust, ja es werde sogar noch vermehrt, weil

a. das Holz Gelegenheit zur mannichfachsten Arbeitsdarstellung gebe, welche mittelbar volkswirthschaftliche Werthe schaffe;

b. durch Unterstützung der Gewerbe in der vorbezeichneten Weise die Steuerkraft gehoben werde*).

Hiergegen ist jedoch Folgendes zu bemerken.

Zu *a.* Aus der allgemeinen Gleichung des Unternehmergewinns ergibt sich, dass ein Gewerbe nur dann ohne Verlust arbeitet, wenn der Rauhertrag gerade die Kosten deckt. Da nun aber in dem vorliegenden Falle vorausgesetzt wird, dass der Rauhertrag gewisser, der Unterstützung bedürftiger, Gewerbe noch nicht einmal hinreiche, um den Kostenwerth des Holzes zu vergüten, so folgt hieraus, dass derartige Gewerbe auch keinen Ueberschuss erzeugen können. — Eine negative Grösse, welche einer

---

*) Schenck, Das Bedürfniss der Volks-Wirthschaft, 2. Theil, 1831, S. 320. „Wenn auf diese Weise die Vorräthe vermehrt und gegen billige Preise regelmässig abgegeben werden, dann wird auch das Volks-Einkommen durch die Staatsforste stets mehr erhöht und so der allgemeine Wohlstand fester begründet. Je höher das Volks-Einkommen ist, desto höher kann auch die Staats-Einnahme werden. Mit dem durch Waldproducte erweiterten Gewerb-Betriebe steigt der Gewerb-Gewinn, mithin auch Gewerb- und Einkommen-Steuer. Mit dem vermehrten Volks-Vermögen steigt auch, neben einem regeren Verkehr, der Begehr nach höheren Genüssen, mithin auch Zoll- und Verbrauchs-Steuer und alle übrige indirecte Auflage (Post-, Chaussee-, Stempel-, Sportel etc.-Einnahme). Kurz, wo Mittel zum Erwerben sind, da wird auch der Erwerb in der Regel nicht fehlen; wo aber diese Mittel fehlen, da wird auch nur wenig Erwerb stattfinden. Eine durch kurzen Umtrieb und gesteigerten Preis der Wald-Producte vermehrte Staats-Einnahme kann mithin Veranlassung sein, dass die Subsistenz mancher Staatsbürger gefährdet, der Gewerb-Betrieb gehemmt und so das Volks-Einkommen gehindert wird. In Folge dessen müssen denn auch die vielen directen und indirecten Steuer-Quellen in höherem Masse unergiebiger werden, als die Staats-Forstkasse durch obige Operationen vermehrt wurde." — Auch Grebe (Betriebs- und Ertrags-Regulirung, 1867, S. 156) ist der Ansicht, dass durch den Flor der Gewerbe, Industrie und des Handels die Steuerkraft gehoben und insofern indirect ersetzt werde, was vielleicht direct (durch unvollständige Verzinsung des Boden- und Bestandskapitals) verloren gehe. Vergl. auch v. Berg, Staatsforstwirthschaftslehre, § 101.

Anzahl positiver Grössen zugetheilt wird, kann zwar dadurch zum Verschwinden gebracht werden, dass sie eine andere gleichwerthige positive Grösse absorbirt: die positive Summe des Ganzen hat aber dann doch um den Betrag jener negativen Grösse abgenommen.

Zu *b.* Wenn der Staat einem Bedürftigen ein Geschenk (hier in dem Unterschiede zwischen dem Kostenwerthe und dem Verbrauchswerthe des Holzes bestehend) macht und es ihm nachher in der Gestalt einer Steuer ganz oder theilweise wieder nimmt, so bezieht er thatsächlich keine Steuer, sondern er erhält höchstens dasjenige, was er gegeben hat, vermindert um den Betrag der Steuer-Erhebungskosten, wieder zurück.

C. Durch Anzucht von „reifem" Holze vermeide man die Verluste, welche aus der Verwendung „unreifen" Holzes zu Bauten und der in Folge dessen viel öfter nöthigen Erneuerung desselben hervorgingen*).

Der eben angegebene Beweisgrund fusst auf der Annahme, dass der Verlust, welcher aus öfterer Erneuerung eines Baumaterials entspringe, stets grösser sei, als derjenige, welchen die Beschaffung eines theureren Materials veranlasst. Diese Annahme ist jedoch unrichtig. Wenn man bei dem Bauen mit einem weniger dauerhaften Material eine so grosse Ersparniss macht, dass dieselbe mit ihren prolongirten Interessen die Erneuerungskosten deckt, so kann man ebensowohl ein billigeres Material anwenden; sollte aber sogar die Ersparniss mit Interessen den Erneuerungsaufwand übersteigen, so würde es geradezu unwirthschaftlich sein, von dem dauerhafteren Material Gebrauch zu machen. Im entgegengesetzten Falle, wenn nämlich die Ersparniss die Kosten der Erneuerung nicht deckt, wird der Bauunternehmer zu dem theureren Material greifen und für dieses auch die Erzeugungskosten gern bezahlen — vorausgesetzt, dass er hierzu die Mittel besitzt. Fehlen ihm dieselben, so würde es nach den Grundsätzen Derjenigen, welche den Staat zur Beschaffung des nothwendigen Holzbedarfs verpflichten wollen, geradezu geboten sein, auch unreifes, also billigeres, Holz zu erziehen, weil für den Unbemittelten unreifes Holz ein „nothwendiges Bedürfniss" ist. Als solches dürfte es nämlich nur dann nicht angesehen werden, wenn der Staat sich herbeiliesse, das reife Holz zu gleichem Preise wie das unreife zu verkaufen. Da man jedoch diese Verwerthungsweise bis jetzt noch nicht in Vorschlag

---

*) Cotta, Grundriss der Forstwissenschaft, 2. Aufl., 1836, II. Abtheilung, S. 136. — Derselbe, Waldbau, 5. Aufl., 1835, S. 19. — Grebe, a. a. O., S. 155.

gebracht hat, so brauchen wir dieselbe einer weiteren Würdigung
nicht zu unterziehen.

Uebrigens wird es am Orte sein, darauf aufmerksam zu machen,
dass der Staat zu den Bauten in seinen eigenen Wäldern keineswegs stets das dauerhafteste Material verwendet. Er lässt z. B.
häufig Brücken von Holz auch dann errichten, wenn Steine zu
haben sind.

D. Das minder werthvolle Holz der niederen Umtriebszeiten bedinge einen relativ höheren, nationalökonomisch
unproductiven Arbeitsaufwand für Fällung, Aufarbeitung
und Transport*).

Hiergegen ist zu bemerken:

Dem vorerwähnten Verlust für Arbeitsaufwand bei niederen
Umtriebszeiten steht bei höheren Umtriebszeiten ein gleichfalls
nationalökonomischer Verlust an Interessen vom Betriebskapital
gegenüber. Bei der Feststellung der Umtriebszeit hat man also zu
ermitteln, welche Art des Verlustes am grössten ist, und die Umtriebszeit in denjenigen Zeitpunkt zu verlegen, für welchen der
relative Verlust ein Minimum wird. Diese Abwägung der beiden
Verlustkonto wird nun gerade bei der Bestimmung der finanziellen
Umtriebszeit vorgenommen, weil hierbei alle Kosten, also auch
diejenigen für Fällung, Aufarbeitung und Transport in Rechnung
kommen. Hat nämlich der Waldbesitzer diese Kosten zu bestreiten,
so wird er sie unmittelbar von den Rauherträgen in Abzug bringen;
sind sie aber von dem Konsumenten zu tragen, so wird dieser für
das Holz weniger zahlen.

E. Der höhere Umtrieb verschaffe eine Reserve für
unvorhergesehene Elementarereignisse und andere Vor-
kommnisse**).

(Dieser Grund, welchen man für die Einhaltung höherer Umtriebszeiten in Staatswaldungen vorgebracht hat, würde jedoch,
wenn er stichhaltig wäre, ebenso gut für Privatwälder gelten.)
Wir wollen nicht versuchen, die noch streitige Frage, ob Reserven
nützlich oder gar nothwendig sind, hier zum Austrag zu bringen,
sondern nur darauf aufmerksam machen, dass die Bildung einer
Reserve, welche die ihr zugeschriebenen materiellen Vortheile
wirklich besitzt, dem Prinzipe der finanziellen Umtriebszeit nicht

---

*) Grebe, a. a. O., S. 155.
**) Schenck, Das Bedürfniss der Volkswirthschaft, 1831, II, S. 222. —
Grebe, a. a. O., S. 155.

zuwiderläuft. Jene Vortheile würden nämlich, wenn man sie in Geld veranschlagen könnte, eine Erhöhung der finanziellen Umtriebszeit rechtfertigen. Dagegen bietet die technische Umtriebszeit für sich allein eigentlich gar keine Reserve dar. Denn wenn erstere so bemessen ist, dass sie (s. S. 50) das Holz gerade „die zu einem gewissen Behufe durchaus nothwendige Grösse" erreichen lässt, so enthält sie keinen Vorrathsüberschuss, welcher in Nothfällen verwendbar wäre. Dieser liesse sich nur durch eine weitere Erhöhung der Umtriebszeit herstellen, welche jedoch mit dem Prinzipe dieser Umtriebszeit weniger zu vereinbaren wäre, weil jetzt das Holz eine andere als die „durchaus nothwendige" Grösse erlangen würde.

F. Zum Bau von Schiffen sei starkes Holz erforderlich, dessen Erziehung von den Privaten nicht erwartet werden könne, weil der Preis die Productionskosten nicht lohne*).

Ist Letzteres wirklich der Fall, so geht hieraus hervor, dass starkes, zum Schiffbau taugliches Holz im Ueberfluss vorhanden ist und auch zu Zwecken verwendet wird, für welche minder starkes Holz ebenso geeignet wäre. Der Staat wird daher, um eine wirthschaftlichere Verwendung des Holzes herbeizuführen, den Vorrath an Starkhölzern vermindern müssen. Allein dann stellt sich die Anzucht derselben auch wieder als vortheilhaft dar, und fällt somit die Veranlassung zum Abweichen von der finanziellen Umtriebszeit hinweg**).

2. **Umtriebszeit des grössten Naturalertrages** ***).
Nennt man M_u, m_a ... m_q die Massenerträge, welche ein Bestand von seiner Begründung bis zu seinem Abtriebe liefert, so würde die Umtriebszeit des grössten Naturalertrags dasjenige Bestandesalter treffen, für welches

$$\frac{M_u + m_a + \dots + m_q}{u}$$

*) v. Berg, Staatsforstwirthschaftslehre, 1850, S. 293.
**) Vgl. Pressler, Rationeller Waldwirth, 5. Heft, S. 37.
***) König's Massen-Schlagbarkeitsalter. Siehe die Forstmathematik von König, 4. Auflage, S. 538. — Die Mehrzahl der Schriftsteller, welche für die Umtriebszeit des grössten Naturalertrages eintraten, verlangte dieselbe nicht ausschliesslich, sondern neben der Umtriebszeit des grössten Gebrauchswerthes. Aus der Verbindung dieser beiden Umtriebszeiten resultirt, wie unter 4 nachgewiesen werden wird, die Umtriebszeit des grössten Brutto-Geldertrages. Um letztere zu würdigen, ist es erforderlich, zuvor jede der beiden Komponenten für sich zu betrachten.

ein Maximum ist. Erwägen wir nun, dass bei der Wahl dieser Umtriebszeit gar keine Rücksicht auf den Preis des Holzes und auf den Productionsaufwand genommen wird, so ergibt sich, dass dieselbe eine unwirthschaftliche ist.

Man hat die Umtriebszeit des grössten Naturalertrages aus dem Grunde empfohlen, weil sie gestatte, den Holzbedarf auf der kleinsten Fläche zu erziehen und das überschüssige Areal einer anderen vortheilhafteren Benutzungsweise zuzuwenden*). Allein wenn man einmal die Voraussetzung macht, dass dem Boden mittels anderer Kulturarten eine höhere Rente abzugewinnen sei, dann müsste die Holzzucht überhaupt aufgegeben und der Boden demjenigen Productionszweige gewidmet werden, welcher am meisten einbringt. Sollte es in diesem Falle an Holz fehlen und letzteres sehr theuer werden, so würde dies Veranlassung geben, nun wieder auf einem Theile der Fläche die Holzzucht einzuführen, wobei jedoch dieser Theil so zu bemessen wäre, dass die Holzzucht ebenso rentiren könnte, wie jene andern Kulturarten. Zu diesem Resultate konnte man aber schon gleich von vornherein auf directem Wege gelangen. Rentirt nämlich die Waldwirthschaft nicht, so deutet dies darauf hin, dass zu viel Holz produzirt wird, oder dass die Konsumenten ihren Holzbedarf durch Bezüge von auswärts befriedigen können, dass man also die Holzzucht einschränken muss.

Wie man sieht, wurzelt die Theorie der Umtriebszeit des grössten Naturalertrages in der irrigen Annahme, dass eine dem seitherigen Verbrauche entsprechende Holzmenge auch dann noch zu erzeugen sei, wenn der Boden mittels der Holzzucht eine geringere Rente abwirft, als mittelst einer andern Benutzungsweise. Diese Theorie kann deshalb auch nur das erreichen, dass sie eine Wirthschaft, welche sie als Verlust bringend erkannt hat, auf die kleinste Fläche verbannt; sie vermag aber nicht, den Verlust ganz zu beseitigen und an der Stelle desselben einen Gewinn zu schaffen.

3. Umtriebszeit des grössten Gebrauchswerthes**).

Da die Abhängigkeit des Gebrauchswerthes von dem Alter des Holzes durch directe Untersuchungen sehr wenig festgestellt ist, da ferner die Gebrauchsfähigkeit eines Sortimentes nur dann einen

---

*) Müller, Versuch zur Begründung eines allgemeinen Forstpolizeigesetzes, 1825, S. 76. — Schenck, Das Bedürfniss der Volkswirthschaft, 1831, II, S. 30. — Cotta, Grundriss der Forstwissenschaft, 2. Auflage, 1836, zweite Abtheilung, S. 136.

) Cotta, Waldbau, 5. Aufl., 1835, S. 19. Vgl. auch die Note *) auf der vorhergehenden Seite.

praktischen Nutzen gewährt und gewürdigt wird, wenn thatsächlich ein Verbrauch desselben stattfinden kann, so ist man, wie Pfeil*) sehr richtig bemerkt, darauf angewiesen, an die Stelle des Gebrauchswerthes den Preis zu setzen und sich dabei zu beruhigen, dass für jetzt der Preis Vorurtheil und wirklichen Gebrauchswerth in sich fasst.

Verlegt man die Umtriebszeit in denjenigen Zeitpunkt, in welchem der Preis der Masseinheit kulminirt, so wird die Wirthschaft unter Umständen nur mit Verlust zu betreiben sein, weil die Rentabilität derselben nicht blos von dem Preise, sondern auch von der Menge des gewonnenen Holzes und von dem Aufwande abhängt, welcher zur Erzielung des höchsten Preises gemacht werden muss.

4. **Umtriebszeit des grössten Brutto-Geldertrages.** Diese Umtriebszeit wird von einigen Schriftstellern direct gefordert**). Sie ergibt sich aber auch indirect, wenn man die Aufgabe zu lösen versucht, neben dem höchsten Naturalertrage den höchsten Gebrauchswerth zu erzielen. Denn da diese beiden Maxima nicht immer in den nämlichen Zeitpunkt fallen, so muss man sich begnügen, mit der Umtriebszeit ein Bestandsalter zu treffen, für welches das Product aus der Masse und dem Preise der Masseinheit ein Maximum wird. Nennen wir, wie unter 2,

$$M_u, \; m_a \ldots, \; m_q$$

die Massen, welche ein Bestand von seiner Begründung bis zu seinem Abtriebe pro Flächeneinheit liefert,

$$T_u, \; t_a, \ldots, \; t_q$$

die correspondirenden Preise der Masseinheiten, so ist

$$M_u T_u + m_a t_a + \ldots + m_q t_q = A_u + D_a + \ldots + D_q \text{ und}$$
$$\frac{A_u + D_a + \ldots + D_q}{u}$$

der Brutto-Geldertrag, welchen die Flächeneinheit bei dem jährlichen Betriebe gewährt. Die Umtriebszeit des grössten Brutto-Geldertrages wird also in denjenigen Zeitpunkt fallen, für welchen

$$\frac{A_u + D_a + \ldots + D_q}{u}$$

---

*) A. a. O., II, 200.

**) So u. A. von v. Berg, Staatsforstwirthschaftslehre, S. 79. Bei dieser Gelegenheit wollen wir darauf aufmerksam machen, dass einige Schriftsteller Forderungen erheben, welche zu verschiedenen Umtriebszeiten führen. Beispiele dieser Art ergeben übrigens schon die vorhergehenden Citate.

kulminirt*). Auch diese Umtriebszeit ist wirthschaftlich unvortheilhaft, weil sie den ganzen Productionsaufwand unbeachtet lässt.

Müller**) und nach ihm Grebe***) bezeichnen die Umtriebszeit des grössten und werthvollsten Materialertrages, welche, wie wir soeben gesehen haben, lediglich die Umtriebszeit des grössten Brutto-Geldertrages ist, als die nationalökonomische Umtriebszeit, setzen sich aber hierdurch in Widerspruch mit den Schriftstellern der Volkswirthschaftslehre, welche der Ansicht sind, dass auch für die Nation die Gewinnung des grössten Reinertrages am vortheilhaftesten ist. So sagt z. B. Rau†): „Das Verhältniss zwischen dem rohen und reinen Ertrage eines Volkes zeigt die Ergiebigkeit der hervorbringenden Geschäfte an und lässt auf die denselben günstigen oder hinderlichen äusseren Umstände schliessen. Bei einerlei Umfang des ganzen Erzeugnisses ist offenbar diejenige Anwendung der Güterquellen die vortheilhafteste, welche den grössten reinen Ueberschuss abwirft. — Demnach sind sowohl die Hülfskräfte des Staates, welche seine Wirksamkeit im Innern und seine Festigkeit gegen Aussen bedingen, als die Mittel zur Pflege aller persönlichen Güter der Menschen, z. B. der Wissenschaften und Künste, und auch die Vermehrungen des Volksvermögens hauptsächlich von der Grösse des reinen Einkommens abhängig." Fast ebenso Roscher††): „Da die wirthschaftliche Production zunächst keinen andern Zweck hat, als menschliche Bedürfnisse zu befriedigen, so ist die blosse Vermehrung des Roheinkommens gleichgültig. Eine Vermehrung des reinen gibt der Nation die Möglichkeit, entweder ihre Zahl, oder ihren Genuss zu vergrössern."

5. Umtriebszeit des grössten Waldreinertrages. Zieht man von dem Brutto-Geldertrage $A_u + D_a + \ldots + D_q$ des jährlichen Betriebes die baaren Ausgaben für Verwaltung, Schutz, Steuern und Kultur, also $uv + c$ ab, so stellt der Rest den Wald-

---

*) Die Ansicht, dass $\dfrac{A_u + D_a + \ldots + D_q}{u}$ auch den grössten durchschnittlich-jährlichen Geldertrag des aussetzenden Betriebes vorstellen könne, wird unter 5. widerlegt werden.

**) Versuch zur Begründung eines allgemeinen Forstpolizeigesetzes, 1825, Seite 77.

***) Die Betriebs- und Ertrags-Regulirung der Forste, 1867, S. 155. Vgl. den Artikel: „Die nationalökonomische Umtriebszeit" von J. Lehr in der Allgemeinen Forst- und Jagd-Zeitung von 1870, Seite 249 und 289.

†) Grundsätze der Volkswirthschaftslehre, 1863, S. 310.

††) Grundlagen der Nationalökonomie, 1866, S. 298.

reinertrag, d. h. die Rente des Boden- und Vorrathskapitalwerthes dar*). Auch diese Umtriebszeit muss als eine unwirthschaftliche bezeichnet werden, weil bei ihr keine Rücksicht auf die Grösse des normalen Vorrathes genommen ist, dessen Interessen ein Bestandtheil des Productionsaufwandes sind**). Da die jährlichen Kosten für alle Umtriebszeiten gleich sind, der Aufwand für Kultur aber mit steigender Umtriebszeit nur wenig abnimmt***), so wird die Umtriebszeit des grössten Waldreinertrages hauptsächlich von dem Gange des Rauhertrages abhängen, also annähernd mit der Umtriebszeit des grössten Brutto-Geldertrages zusammenfallen.

Beispiel. Für die in Tabelle A verzeichneten Erträge, sowie für $v = 1, 2, c = 8, p = 3$ trifft sowohl die Umtriebszeit des grössten Brutto-Geldertrages, als auch diejenige des grössten Waldreinertrages das 9. Jahrzehend.

Anmerkung 1. Der sogenannte und der wahre Reinertrag des aussetzenden Betriebes. Die Umtriebszeit des grössten Waldreinertrages pflegte man früher gemeinhin als die Umtriebszeit des grössten „durchschnittlich-jährlichen Reinertrages des aussetzenden Betriebes" zu bezeichnen. Diese Benennung, welche sich auf die Vorstellung gründet, dass man den durchschnittlich-jährlichen Reinertrag ganz in derselben Weise wie den durchschnittlich-jährlichen Holzertrag bestimmen könne, ist jedoch vollkommen unrichtig. Denn wenn man die Summe der innerhalb einer Umtriebszeit erfolgenden Holzerträge $M_u + m_a + \dots m_q$ durch u dividirt, so stellt der Quotient $\dfrac{M_u + m_a + \dots + m_q}{u}$ zwar den durchschnittlich-jährlichen Holzzuwachs dar, indem ja die Holzmasse $M_u + m_a + \dots + m_q$ aus den Zuwachsbeträgen der Umtriebszeit, mögen diese nun als aussetzende oder jährliche, als jährlich gleiche oder ungleiche angenommen werden, sich zusammensetzt; addirt man hingegen die Geldwerthe $A_u + D_a + \dots + D_q$ jener Holzerträge und theilt man die Summe durch u, so gibt der Quotient $\dfrac{A_u + D_a + \dots + D_q}{u}$ nicht für jeden Zinsfuss die Grösse des durchschnittlich-jährlichen Geldertrages an, weil sowohl $\dfrac{A_u + D_a + \dots + D_q}{u}$, als auch $D_a, \dots D_q$ bis zum Jahre u durch Zinsenansammlung ihren Werth ändern. Der Ausdruck $\dfrac{A_u + D_a + \dots + D_q}{u}$ ist nämlich, wenn er als durchschnittlich-jährlicher Geldertrag des aussetzenden Betriebes gelten soll, in zweifacher Weise unrichtig kalkulirt: einmal, weil er Einnahmen mit verschiedenen Eingangszeiten einfach summirt, ohne sie zuvor mittelst der Zinsrechnung auf einen gemeinschaftlichen Zeitpunkt zu reduziren; zum Andern, weil er das arithmetische Mittel aus den Erträgen für die Rente derselben nimmt. Will man richtig rechnen, so kann man den durchschnittlich-jährlichen Geldertrag r etwa aus der Gleichung

---

*) S. des Verfassers Anleitung zur Waldwerthrechnung, S. 95.
**) S. Seite 13 und 18.
***) S. des Verfassers Anleitung zur Waldwerthrechnung, S. 49.

$$r + r \cdot 1,op + r \cdot 1,op^2 + \ldots + r \cdot 1,op^{u-1} = A_u + D_a \, 1,op^{u-a} + \ldots + D_q \, 1,op^{u-q}$$

oder aus der Gleichung

$$\frac{r}{1,op} + \frac{r}{1,op^2} + \ldots + \frac{r}{1,op^u} = \frac{A_u}{1,op^u} + \frac{D_a}{1,op^a} + \ldots + \frac{D_q}{1,op^q}$$

herleiten. Aus beiden Gleichungen folgt:

$$r = \left(\frac{A_u + D_a \, 1,op^{u-a} + \ldots + D_q \, 1,op^{u-q}}{1,op^u - 1} \right) o,op.$$

Behandelt man in der nämlichen Weise die Kulturkosten und die jährlichen Ausgaben für Verwaltung, Schutz und Steuern, so erhält man als durchschnittlich-jährlichen Reinertrag des aussetzenden Betriebes

$$\left(\frac{A_u + D_a \, 1.op^{u-a} + \ldots + D_q \, 1.op^{u-q}}{1, op^u - 1} - \frac{c \cdot 1,op^u}{1, op^u - 1} - V \right) o,op.$$

Da der in der Parenthese stehende Theil dieses Ausdruckes die Formel des Boden-Erwartungswerthes ist, so folgt hieraus, dass als wahrer wirthschaftlicher Reinertrag des aussetzenden Betriebes die Rente des Boden-Erwartungswerthes betrachtet werden muss. Der Ausdruck

$$\frac{A_u + D_a + \ldots + D_q - (c + uv)}{u},$$

welchen man früher für den durchschnittlich-jährlichen Reinertrag des aussetzenden Betriebes ansah, stellt, wie wir wissen, nichts Anderes als den auf die Flächeneinheit bezogenen Reinertrag eines zum jährlichen Betriebe eingerichteten Waldes vor.

Der Irrthum, dem man sich hingab, indem man den zuletzt genannten Ausdruck für den Boden-Reinertrag des aussetzenden Betriebes nahm und denselben zur Ermittlung der vortheilhaftesten Umtriebszeit benutzen zu können, wurde namentlich von Faustmann und Pressler gerügt. Beide wiesen insbesondere die Fehlerhaftigkeit der mathematischen Konstruction dieses Ausdruckes nach. Später suchte Bose[*]) denselben zum Zwecke der Umtriebsbestimmung wieder zu Ehren zu bringen. Er zeigte, dass

$$\frac{A_u + D_a + \ldots + D_q - (c + uv)}{u}$$ den Zinsenertrag des reinen Wald-Renti

rungswerthes einer normalen Betriebsklasse (für die Fläche einer Altersstufe) bedeutet, und stellte, hierauf gestützt, die behauptete mathematische Unrichtigkeit dieser Formel in Abrede. Dabei übersah er aber, dass man

$$\frac{A_u + D_a + \ldots + D_q - (c + uv)}{u}$$ nur als Ausdruck für den durchschnittlich-

jährlichen Reinertrag des aussetzenden Betriebes, nicht aber als Formel für den Wald-Reinertrag des jährlichen Betriebes beanstandet hatte. Einen Beweis dafür, dass die einträglichste Umtriebszeit diejenige sei, für welche der Wald-Reinertrag kulminirt, hat Bose übrigens nicht erbracht.

Anmerkung 2. Vergleichende Uebersicht der Umtriebszeiten und Würdigung derselben nach Massgabe ihrer wirthschaftlichen Bedeutung.

In wirthschaftlicher Beziehung lassen sich die Umtriebszeiten nach dem Grade ordnen, in welchem bei der Bestimmung derselben die Productionskosten beachtet werden. Man kann hiernach folgende Gruppen bilden:

---

[*]) Beiträge zur Waldwerthberechnung, 1865, S. 51.

I. Die Productionskosten werden gar nicht in Rechnung gezogen. Hierher gehören

1. die technische Umtriebszeit,
2. die Umtriebszeit des grössten Naturalertrages,
3. „ · „ „ „ Gebrauchswerthes,
4. „ „ „ „ Brutto-Geldertrages.

II. Die Productionskosten werden theilweise in Rechnung
gezogen.

Umtriebszeit des grössten Waldreinertrages. Sie beachtet nur die
jährlichen Kosten für Administration, Schutz und Steuern, sowie die Kulturkosten, aber nicht die Interessen des normalen Vorrathes.

III. Sämmtliche Productionskosten werden in Rechnung gezogen.

Finanzielle Umtriebszeit oder Umtriebszeit des grössten Boden-
Reinertrages.

Um die Unterschiede der vorstehend aufgeführten Umtriebszeiten deut-
licher hervortreten zu lassen, wollen wir hier noch einmal die Grössen zu-
sammenstellen, für welche diese Umtriebszeiten bei dem jährlichen Betriebe
ein Maximum verlangen. Nur die technische Umtriebszeit muss hier ausser
Betracht bleiben, weil sie nach keiner Richtung hin ein Maximum der Production anstrebt.

Die Umtriebszeit des grössten Naturalertrages fällt in den Zeitpunkt,
in welchem

$$\frac{M_u + m_a + \ldots + m_q}{u}$$

kulminirt. M_u, $m_a \ldots$, m_q bedeuten hier die jährlich erfolgenden Erträge
an Haubarkeits- und Vornutzungen.

Die Umtriebszeit des grössten Gebrauchswerthes tritt ein, wenn
die Preise

$$T_u, t_a, \ldots, t_q$$

der Masseinheiten einen Maximalbetrag erreichen.

Die Umtriebszeit des grössten Brutto-Geldertrages ist so zu
wählen, dass

$$\frac{A_u + D_a + \ldots + D_q}{u}$$

kulminirt, wobei $A_u + D_a + \ldots + D_q$ die jährlich erfolgenden rauhen
Gelderträge bedeuten.

Die Umtriebszeit des grössten Wald-Reinertrages verlangt ein
Maximum von

$$\frac{A_u + D_a + \ldots + D_q}{u} - \left(\frac{c + uv}{u}\right),$$

wobei c die Kulturkosten, v die jährlichen Kosten für Administration, Schutz
und Steuern vorstellen.

Die Umtriebszeit des grössten Boden-Reinertrages (finanzielle Umtriebszeit) ergibt sich, wenn die Differenz

$$\frac{A_u + D_a + \ldots + D_q}{u} - \left(\frac{uN \cdot o, op + c + uv}{u}\right)$$

ihr Maximum erreicht. Es bedeutet hier uN den Normalvorrath der Betriebsklasse.

Geschichtliches.

Viele Bestimmungen der Forstordnungen des 17. und 18. Jahrhunderts lassen erkennen, dass die Staatsregierungen in damaliger
Zeit sich verpflichtet erachteten, ·für die Befriedigung der Holzbedürfnisse der Staatsangehörigen auf directem Wege zu sorgen.
Diese Ansicht beherrschte auch die forstlichen Schriftsteller des
vorigen Jahrhunderts; wir finden daher von ihnen zumeist die
technische Umtriebszeit empfohlen.   So von Moser*), Jeitter**),
v. Burgsdorff***) u. A.

Moser ermittelt zunächst die Art und Grösse des Holzbedarfs:

> „Man gebe sich alle ersinnliche Mühe, gewiss zu werden,
> durch welche Art das Holz vertrieben werden muss; ob es
> nemlich einerley sey, es mag beschaffen seyn, wie es will,
> wenn es nur Holz ist, wie z. E. zur Kohlung vor die
> Hüttenwerke; oder ob es nothwendig ausgewachsen seyn
> und seine mögliche Höhe und Stärke erreicht haben müsse,
> wie zu den meisten Gattungen Bau- besonders Schiff-Bau-
> Holz erfordert wird."   ·

Alsdann stellt Moser fest, ob der Zuwachs hinreiche, den
Holzbedarf, namentlich denjenigen, welcher die Einhaltung einer
höheren Umtriebszeit erfordert, zu befriedigen.

> „Man rechne aus, ob man dieses benöthigte Quantum er-
> halten könne, wenn man das Holz so lange stehen lässet,
> bis es entweder gänzlich ausgewachsen oder doch seinen
> meisten Wachsthum zurückgelegt hat, und wann dieses
> ist, so theile man nach der Anzahl der Jahre, welche er-
> fordert werden, bis der abgetriebene Ort wieder in solchen
> haubaren Stand kommen kann."

Findet er, dass die Konsumtion grösser ist als die Production,
so versucht er, ob beide durch Erniedrigung der Umtriebszeit in
Einklang gebracht werden können.

> „Ist dieses aber nicht, so versuche man, ob das Quantum
> herauszubringen, wenn grössere folglich wenigere und so
> viele Theile gemacht werden, als das Holz Jahre stehen
> muss, bis es anfangt, in seinem Wachsthum merklich ein-
> zuhalten, folglich schon eine gewisse Stärke erlangt hat.

---

*) Forstökonomie, 1757, S. 100 ff.
**) Systematisches Handbuch der theoretischen und praktischen Forst-
wirthschaft, 1789, II. Abschnitt, 6. und 7. Kapitel.
***) Forsthandbuch, 2. Auflage, 1797, II, 299—330.

Nur komme man mit der Anzahl Theile nicht unter diese
Jahre, denn sonst entstehet aus der Anstalt, welche die
Verbesserung der Forst-Oekonomie zum Grund haben soll,
sehr leicht eine Verwüstung derselben."

Erst wenn sich herausgestellt hat, dass auch der Zuwachs der
niederen Umtriebszeit nicht hinreicht, den Bedarf zu decken, empfiehlt er, den nothwendig scheinenden Aufwand zu beschränken
und auf andere Mittel zur Befriedigung des Holzbedarfs zu sinnen.

„Reicht das Quantum, welches man auf diese Art bekäme,
wieder nicht zu, so sehe man, wie und wo man seinen
auch nothwendig scheinenden Aufwand einschränken oder
durch andere Mittel zu statten kommen könne; denn vom
Nothwendigen ist ohnedem nur die Rede, weil der Ver-
schwender auf keine dieser Anstalten denkt."

Jeitter: „Das Hauptmerkmal der Haubarkeit ist das nothwendige Bedürfniss des Menschen. Das wahre Bedürfniss kann
jedoch ohne kluge Policey und vernünftige Staatswirthschaft nicht
festgesetzt werden." Um die Grösse der jährlichen Konsumtion an
„Würk-, Bau- und Brennholz und nach allen Gattungen und
Arten" kennen zu lernen, empfiehlt Jeitter dieselben Massregeln
wie Meyer (s. S. 52).

Aehnliche Ansichten und Vorschläge, wie diejenigen Moser's
und Jeitter's, finden wir bei v. Burgsdorff. Er geht von dem
Grundsatze aus, dass „das inländische Publikum überall für sein
Geld müsse Holz bekommen können", ermittelt zunächst die Quantität des wirklichen Holzverbrauchs, hierauf die Grösse der möglichen
Production und schreitet erst dann zur Begutachtung der „wesentlichen Bedürfnisse" durch Sachverständige, wenn er gefunden hat,
dass die Konsumtion • die Production übersteigt. In diesem Falle
verlangt er die Anwendung „gewaltsamer" Mittel zur Verstopfung
mancher Gewerbsquellen und zur Beschränkung des Luxus, sowie
Verbot des Holzhandels, namentlich in das Ausland, „auch wenn
solcher zu grossem Gewinn des Forsteigenthümers gereichen sollte";
gleichzeitig soll Grund und Boden, welcher bisher landwirthschaft-
lich benutzt worden war, erworben werden, um solchen der Holzzucht zu widmen.

Von den Schriftstellern, welche sich zu Anfange des 19. Jahrhunderts über die Wahl der Umtriebszeit aussprachen, hielten viele
den von Moser, Jeitter, v. Burgsdorff etc. eingenommenen Standpunkt fest, und bis in die neueste Zeit hin hat die technische
Umtriebszeit ihre Vertheidiger gefunden. Aber schon frühzeitig

wurden Stimmen laut, welche verlangten, dass man nicht blos auf
die Befriedigung des üblichen Bedarfs, sondern auch auf die Erziehung solchen Holzes Bedacht nehmen müsse, welches nach Masse
und Preis den höchsten Ertrag gewähre. Auch machte man darauf
aufmerksam, dass der Productionsaufwand bei der Waldwirthschaft
nicht vernachlässigt werden dürfe.

Alle Bedingungen der finanziellen Umtriebszeit finden wir
schon in G. L. Hartig's „Grundsätzen der Forstdirection"*) so vollständig angegeben, dass man versucht sein könnte, die Boden-
Reinertragslehre von diesem Schriftsteller her zu datiren, wenn
nicht die sonstigen Ansichten desselben erkennen liessen, dass er
über die nothwendigen Folgen seiner Forderungen keineswegs vollständig im Klaren war.

Nach G. L. Hartig besteht der Hauptzweck der Holzzucht
darin: „auf der zu Wald bestimmten Fläche in möglich
kurzer Zeit, mit einem möglich geringen Kostenaufwande
möglich vieles und nutzbares Holz zu erziehen." Stellt
man die Frage, welche Umtriebszeit diesen Forderungen entspreche,
so gibt die Forststatik zur Antwort: die finanzielle Umtriebszeit.
Denn führen wir z. B. die Rechnung für den aussetzenden Betrieb
und nach der Methode der Vorwerthe, so ist der Vorwerth der
Erträge

$$\frac{A_u + D_a \, 1, op^{u-a} + \ldots + D_q \, 1, op^{u-q}}{1, op^u - 1},$$

der Vorwerth der Productionskosten

$$V + \frac{c \cdot 1, op^u}{1, op^u - 1}.$$

Der Forderung, dass einestheils der Ertrag möglichst hoch
(dass möglich vieles und nutzbares, d. h. hoch im Preise stehendes
Holz erzogen werde) und anderntheils der Kostenaufwand möglichst
gering sei, leistet jedoch nur das Maximum der Differenz

$$\frac{A_u + D_a \, 1, op^{u-a} + \ldots + D_q \, 1, op^{u-q}}{1, op^u - 1} - \left(V + \frac{c \cdot 1, op^u}{1, op^u - 1} \right)$$

Genüge. Die vorstehende Formel ist, wie wir wissen, diejenige
des Boden-Erwartungswerthes. Mithin führt Hartig's Forderung
auf den Satz, dass der Hauptzweck der Holzzucht am meisten gefördert wird bei Einhaltung derjenigen Umtriebszeit, für welche
der Boden-Erwartungswerth oder die Rente desselben kulminirt.

---

*) 1. Auflage 1803, 2. Auflage 1813.

Es bleibt jedoch, wie bereits oben angedeutet wurde, fraglich, ob Hartig diesem Resultate beigepflichtet haben würde. Viele Stellen seiner Schriften deuten darauf hin, dass er den Productionskosten, wenigstens bei Staatswaldungen, keinen hinreichenden Einfluss auf die Bestimmung der Umtriebszeit einräumte. So z. B. erklärt er an andern Orten*) wieder diejenige Umtriebszeit für die vortheilhafteste, welche durchschnittlich-jährlich das meiste und das beste Holz liefere, ohne dass er hier der Productionskosten irgendwie erwähnt. Auch führt ein Prinzip der Hartig'schen Forstdirectionslehre, dass nämlich der Hauptzweck der Forste dahin gehe, die Holzbedürfnisse des Staates vollständig zu befriedigen**), in vielen Fällen sehr weit von der finanziellen Umtriebszeit ab.

Cotta empfahl in seiner „Systematischen Anleitung zur Taxation der Waldungen" vom Jahre 1804, Seite 103 und 105, das Holz ein Alter erreichen zu lassen, in welchem es die grösste Masse gewährt, dabei aber auch die Bäume zu der Stärke und Qualität zu erziehen, welche dem Gebrauche und dem Bedürfnisse am meisten entspricht. Dies wäre also einestheils die Umtriebszeit des grössten Naturalertrages, anderntheils die technische Umtriebszeit. Von den Productionskosten ist in dem vorgenannten Werke noch nicht die Rede. Wir finden dieselben erst in der „Anweisung zum Waldbau" von 1816, S. 8 und in der „Anweisung zur Forst-Einrichtung und Abschätzung" von 1820 in Betracht gezogen. Cotta weiss, dass der Kulturkosten-Aufwand mit der Länge der Umtriebszeit abnimmt und dass ein kurzer Umtrieb Vortheile gewähren kann, weil er die baldige Benutzung der Bestände und die Verwerthung eines Theiles des Holzvorrathes gestattet, welcher nun anderwärts mit höherem Zinsertrag angelegt werden kann. Einen bestimmten Massstab zur Beurtheilung des Bestandsalters, bis zu welchem die Umtriebszeit mit Vortheil erniedrigt werden kann, kennt jedoch Cotta noch nicht; er überlässt dem Wirthschafter, diesen Zeitpunkt durch Probiren zu finden. Ueberhaupt vermissen wir bei Cotta eine vollständige Durchdringung der Reinertragstheorie; wir finden bei ihm Irrthümer, welche nur aus einer ganz oberflächlichen Betrachtung des Gegenstandes entspringen konnten. So z. B. meint Cotta, die Nutzung eines Vorrathsüberschusses könne nur bei Privat-, nicht aber bei Staatswäldern von Gewinn sein. Denn nur der Private sei im Stande, für das durch Verwerthung

---

*) Grundsätze der Forstdirection, S. 51. Ferner: Anweisung zur Taxation und Beschreibung der Forste, 3. Auflage, 1813, S. 66.
**) Die Forstwissenschaft nach ihrem ganzen Umfange, 1832, S. 509.

eines Vorrathsüberschusses erlangte Geld Güter zu kaufen, welche ihm eine höhere Rente brächten als das Holz; der Staat dagegen werde durch den Verkauf solchen Holzes nicht reicher, weil jetzt die Unterthanen um den Geldwerth des von ihnen erkauften Holzes ärmer geworden seien. Habe man aber behufs der Nutzung eines Theiles des Holzvorrathes die Umtriebszeit gar so weit erniedrigt, dass jetzt der jährliche Durchschnittsertrag unter den bisherigen Ertrag sinke, so erleide die Nation hierdurch noch einen offenbaren Verlust*). Cotta übersah, dass der Staat ebenso wie der Private im Stande ist, den Erlös für Nutzung eines Vorrathsüberschusses zu einem höheren Prozente, als demjenigen, zu welchem dieser Ueberschuss im Walde rentirt, anzulegen. (z. B. durch Bauen von Landstrassen, Kanälen etc.), und dass die Einnahmen, welche in dieser Weise erzielt werden, den durch Herabsetzung der Umtriebszeit etwa entstandenen Ertragsausfall nicht blos aufwiegen, sondern sogar übersteigen können. — Von der Ansicht, dass der Staat für die Befriedigung des Holzbedarfs seiner Angehörigen sorgen müsse**), konnte sich Cotta niemals losreissen; er kommt auch noch in seinen späteren Schriften immer wieder darauf zurück, für Staatswaldungen die Umtriebszeit des grössten Naturalertrags und die technische Umtriebszeit zu fordern***). Indem er aber hierbei gleichzeitig die Rücksicht auf den Kostenpunkt wahren will, verfällt er in Widersprüche. So z. B. verlangt er zwar, dass für Erziehung der „unentbehrlichen" Holzsortimente gesorgt werde, „und sollte es auch mit Verlust für die Kasse geschehen", dann aber schlägt er wieder vor, „in solchen Fällen die Preise der ungewöhnlichen oder sehr seltenen Sortimente so hoch zu setzen, dass auch die Kasse keine Einbusse habe"†).

Pfeil nimmt in der vorliegenden Frage einen weit höheren Standpunkt ein als Hartig und Cotta. Er verdankte denselben dem Studium der staatswissenschaftlichen Literatur††), deren Einfluss in den Schriften von Hartig und Cotta leider gänzlich ver-

---

*) Cotta, Hülfstafeln für Forstwirthe und Forsttaxatoren, 1821, S. 35 ff. Grundriss der Forstwissenschaft, 2. Auflage, 1836, S. 131 ff.

**) Anweisung zur Forst-Einrichtung und Abschätzung, 1820, S. 25. — Grundriss der Forstwissenschaft, 2. Auflage, S. 137.

***) Grundriss, S. 136.

†) Anweisung zur Forst-Einrichtung und Abschätzung, S. 25.

††) Namentlich Krug's Betrachtungen über den Nationalreichthum des preussischen Staates, 1805, und v. Jacob's Grundsätzen der Polizeigesetzgebung und der Polizeianstalten, 1808. Auch die Schrift von Hazzi: „Die echten Ansichten der Waldungen und Förste", 1805, scheint auf die damaligen Grundsätze Pfeil's in Vielem bestimmend eingewirkt zu haben.

misst wird. Von dem Grundsatze Krug's*) ausgehend, dass das
der Production von „geniessbaren" Gütern dienende Gelände nur
mit Rücksicht auf die Erzielung des grössten reinen Ertrags
zu bewirthschaften sei, verwirft er, und zwar unter Anführung
durchaus richtiger Argumente, sowohl die technische Umtriebszeit**),
als die Umtriebszeit des grössten Naturalertrags***) und erklärt
schliesslich diejenige Umtriebszeit für die vortheilhafteste, für welche
die auf die Gegenwart discontirten Erträge die grösste Summe er-
reichen†). Kommen kurze Umtriebe in Betracht, so will er auch
die bei diesen stattfindende „Vermehrung" der Kulturkosten in
Rechnung gezogen haben††). Diese Regel läuft, wie man sieht,
auf die Bestimmung des grössten Boden-Erwartungswerthes (mit
Ausserachtlassung des hier allerdings nicht influirenden Kapitals
der jährlichen Kosten) bzw. auf die finanzielle Umtriebszeit hin-
aus†††). Das Verdienst, welches sich Pfeil durch Aufstellung dieses
Verfahrens erworben hat, wird nicht etwa dadurch geschmälert,
dass Hossfeld schon vor ihm die Ermittlung des Boden-Erwartungswerthes gelehrt hatte*†) und dass Pfeil die Erträge nicht aller,
sondern nur einiger Umtriebszeiten in Rechnung nahm. Denn
Hossfeld benutzte die Methode des Boden-Erwartungswerthes nur
für die Zwecke der Waldveräusserung, nicht zur Ermittlung der
vortheilhaftesten Umtriebszeit, und das Prinzip des Pfeil'schen Verfahrens leidet nicht darunter, dass Pfeil, welcher die Formel $\frac{1}{1,op^u-1}$

---

*) A. a. O., S. 228 ff. Ferner: Pfeil, Grundsätze der Forstwirthschaft
in Bezug auf die Nationalökonomie und die Staatsfinanzwissenschaft, 1822—
1824, I, 110, 126.
**) Daselbst, I, § 53—57.
***) Daselbst, I, S. 94 ff.
†) Kritische Blätter, 1822, I, 1, S. 119. Grundsätze der Forstwirthschaft etc., II, 211.
††) Grundsätze der Forstwirthschaft etc., II, 252.
†††) Daselbst, II, 256: „Ueberblicken wir die in diesem Abschnitte auf-
gestellten Schlussfolgen, die verschiedenen nachgewiesenen Berechnungen, so
muss sich uns auch der Grundsatz als ebenso richtig, wie gefahrlos, ebenso
sehr dem Vortheile des Einzelnen, wie des Ganzen angemessen darstellen, dass
wir am vortheilhaftesten die Waldwirthschaft von dem möglichst hohen sicheren
Geldertrage abhängig machen, und dass dasjenige die wünschenswertheste
Erzeugung sei, welches ihn gewährt." Kritische Blätter, I, 2, S. 322: „Das
Verfahren, um den Zeitpunkt zu erfahren, in welchem das Holz mit dem
grössten Geldertrage zu benutzen ist, wird wie folgt sein müssen . . . . .
Man berechnet für jeden Umtrieb den Werth des Bodens mit Ausschluss
des schon jetzt darauf stehenden Holzes."
*†) Diana, 3. Band, 1805, S. 436 ff. — Niedere Mathematik, 2. Band,
1820, S. 579 ff.

nicht kannte, die nach mehreren Umtriebszeiten erfolgenden Erträge in Anbetracht ihrer geringen Jetztwerthe vernachlässigte.

Neben jenem richtigen Verfahren stellte Pfeil indessen auch noch ein anderes, durchaus fehlerhaftes, auf*). Der Mangel an mathematischen Kenntnissen, von welchem dieses Verfahren Zeugniss gibt, hinderte Pfeil, die Lehre von der vortheilhaftesten Umtriebszeit weiter auszubilden, und setzte überhaupt seiner Leistungsfähigkeit in Bezug auf die Förderung der von ihm prinzipiell anerkannten Reinertragstheorie ein frühes Ziel. Als letztere nach einer langen Reihe von Jahren durch Pressler einen neuen Anstoss erhielt, hatte Pfeil kein rechtes Verständniss mehr für die Fortschritte derselben, ja er trat ihnen sogar entgegen**).

Hundeshagen war, wie bereits Seite 7 und 30 angegeben wurde, der Erste, welcher die Einträglichkeit verschiedener Umtriebszeiten nach der Methode des Unternehmergewinns und der gleichmässigen Verzinsung des Productionsaufwandes berechnete. Er machte zugleich darauf aufmerksam, dass höhere Umtriebe wegen des Erfordernisses eines grösseren Materialkapitals (bzw. wegen des Zinsen-Verlustes) verhältnissmässig schlecht rentiren ***). Eine allgemeine Regel zur Bestimmung der vortheilhaftesten Umtriebszeit stellte Hundeshagen jedoch nicht auf. Ja er scheint sogar unter gewissen Verhältnissen die Umtriebszeit des grössten Naturalertrages, des grössten Gebrauchswerthes und die technische Umtriebszeit für zulässig gehalten zu haben†).

König wendet zwei Verfahren zur Bestimmung der vortheilhaftesten Umtriebszeit an, von welchen wir das eine die Reductionsmethode, das andere die Prozentmethode nennen wollen.

1. Nach der Reductionsmethode führt man die einmaligen Erträge verschiedener Umtriebszeiten mittelst der Zinsrechnung auf

---

*) Kritische Blätter, I, 2, S. 323. Pfeil theilt hier ein Zahlenbeispiel mit, um zu zeigen, wie man ermitteln könne, ob eine Umtriebszeit mehr oder weniger vortheilhaft sei, als eine andere. Mit algebraischen Zeichen ausgedrückt lautet die Pfeil'sche Gleichung folgendermassen:

$$A_m\,1,op^{u-m} + c \cdot 1,op^{u-m} = A_u + D_q\,1,op^{u-q}.$$

Pfeil hat hier die Bodenrente ausser Acht gelassen, wodurch ein fehlerhaftes Resultat zum Vorschein kommt. Die richtige Gleichung lautet:

$$A_m\,1,op^{u-m} + B_m\,(1,op^{u-m}-1) + B_m = A_u + D_q\,1,op^{u-q} + B_u.$$

**) Man vergleiche Pfeil's Recension von Pressler's rationellem Waldwirth in den kritischen Blättern, 41. Band, 1. Heft, S. 27.

***) Forsttaxation, 1826, II. Abtheilung; Encyklopädie der Forstwissenschaft, 2. Auflage, II. Abtheilung.

†) Encyklopädie, § 607.

einen beliebigen gleichen Zeitpunkt vor oder zurück; derjenige von diesen, welcher hier alle andern überbietet, bezeichnet das werthvollste Benutzungsalter*). Hiernach würde also z. B., wenn man als Reductionspunkt das Jahr o annimmt, die Umtriebszeit u dann vortheilhafter als die Umtriebszeit m sein, wenn

$$\frac{A_u}{1,\,op^u} + \frac{D_a}{1,\,op^a} + \cdots + \frac{D_l}{1,\,op^l} + \cdots + \frac{D_q}{1,\,op^q} > \frac{A_m}{1,\,op^m} +$$
$$\frac{D_a}{1,\,op^a} + \cdots + \frac{D_l}{1,\,op^l}$$

wäre. Diese Methode ist, auch wenn man die Productionskosten in gleicher Weise diskontirt, vollkommen unrichtig, wie bereits Faustmann nachgewiesen hat**). Der Fehler liegt darin, dass die Erträge ungleicher Zeiträume verglichen werden. Will man denselben berichtigen, so muss man

entweder die Erträge noch in Anschlag bringen, welche der mit der kürzeren ($m$jährigen) Umtriebszeit behandelte Bestand vom Jahre m bis zum Jahre u erzeugt, sowie die Kosten, welche dem nämlichen Zeitraum zur Last fallen;

oder die Rechnung für den Zeitraum $m \times u$ führen, mit dessen Ende die Wiederholungen der beiden Umtriebszeiten zusammentreffen;

oder die (Vorwerths-) Berechnung auf einen unendlich langen Zeitraum ausdehnen.

Diese drei Verfahren führen auf die Methode der Boden-Erwartungswerthe.

Es ist um so auffallender, dass König den eben besprochenen Fehler beging, als derselbe an einem anderen Orte***) von dem vollen Boden-Erwartungswerthe (von ihm Bewaldungswerth genannt) zu einem statischen Zwecke Gebrauch macht, indem er nach dem Unterschiede zwischen dem Boden-Erwartungswerthe und dem Boden-Kostenwerthe die Räthlichkeit der Acquisition von „geringen Fruchtländern, Waldblössen und Weideflächen" beurtheilt wissen will.

2. Prozentmethode. Nach dieser fällt das vortheilhafteste Benutzungsalter oder das „Verzinsungsschlagbarkeitsalter" in denjenigen Zeitpunkt, in welchem das Werthszunahme-Prozent (welches S. 38 definirt wurde) das „eben in Anspruch zu nehmende Nutzungsprozent, d. h. das für Grundstücksnutzungen gewöhnlich übliche Prozent" erreicht†). Wir haben bereits S. 39 nachgewiesen, dass

---

*) König, Forstmathematik, 4. Auflage, S. 520 und 543.
**) Neue Jahrbücher der Forstkunde von v. Wedekind, 2. Folge, 3. Band, S. 363. — Vergl. auch Note *) auf der vorhergehenden Seite (70).
***) Forstmathematik, 4. Auflage, S. 637.
†) Daselbst, 4. Auflage, S. 542.

König das Werthszunahme-Prozent unrichtig berechnet, weil er in
die Formel desselben nicht das Maximum des Boden-Erwartungswerthes, sondern denjenigen Werth des Bodens einführt, welchen
letzterer bei einer andern als der forstlichen Benutzungsweise besitzt. König trifft daher mittelst des Werthszunahme-Prozentes nicht
diejenige Umtriebszeit, bei welcher der grösste Unternehmergewinn
sich ergibt. Dass die Prozentmethode und die.Reductionsmethode
nicht zu gleichen Resultaten führen, bedarf keines weiteren Beweises. Nach König sollen sich aber auch schon allein mit der
Prozentmethode verschiedene Verzinsungs-Schlagbarkeitsalter ergeben, je nachdem man die Rechnung für den jährlichen oder den
aussetzenden Betrieb führt, weil nämlich das Werthszunahme-Prozent
einer ganzen Schlagreihe (das „Waldwerth-Nutzungs-Prozent") erst
für eine höhere Umtriebszeit auf denjenigen Betrag sinke, welchen
das Werthszunahme-Prozent eines einzelnen Bestandes (das „Be-
standswerth-Zunahme-Prozent") schon in einem früheren Alter
erreiche*). Allein auch diese Annahme ist unrichtig; sie findet in
der That ihre Stütze nur in einer fehlerhaften Berechnungsweise
des normalen Vorrathes, welchen König nach dem Verbrauchswerthe anstatt nach dem Kostenwerthe veranschlagt**). Da nämlich
der Verbrauchswerth der jüngeren Altersstufen kleiner ist als deren
Kostenwerth, so stellt sich zwar das Werthszunahme-Prozent einer
ganzen Betriebsklasse, deren normaler Vorrath nach dem Verbrauchswerthe in Ansatz gebracht wird, höher, als das Werthszunahme-Prozent eines einzelnen Bestandes vom Alter der normalen
Umtriebszeit; allein dieser Unterschied verschwindet, wenn man den
normalen Vorrath als Kostenwerth (und, wie früher nachgewiesen
wurde, unter Zugrundlegung des Maximums des Boden-Erwartungswerthes) berechnet. Dass aber in dem vorliegenden Falle, wo es.
sich um eine Rentabilitätsberechnung handelt, der normale Vorrath
nur nach seinem Kostenwerthe zu veranschlagen ist, bedarf keiner
weiteren Auseinandersetzung.

König's „Forstmathematik" legt Zeugniss davon ab, welche
vergeblichen Versuche der Verfasser dieses Werkes machte, um sich
dem Dilemma zu entwinden, in welches er dadurch gerathen war,
dass er für die vortheilhafteste Umtriebszeit zwei Zeitpunkte gefunden hatte. Um beiden Umtriebszeiten Rechnung zu tragen, kam

---

*) Forstmathematik, 4. Auflage, S. 571.
**) Den nämlichen Fehler begeht v. Thünen (Der isolirte Staat, 2. Aufl.,
1842, I. Theil, S. 191). Uebrigens ist hierbei zu berücksichtigen, dass die
Berechnung der Bestands Kostenwerthe Thünen fremd war, während König
dieselbe kannte.

er schliesslich auf einen ganz willkürlichen Ausweg: er nahm das Verzinsungs-Schlagbarkeitsalter des Einzelbestandes als das Minimum und das Verzinsungs-Schlagbarkeitsalter der Betriebsklasse als das Maximum der zulässigen Umtriebszeit an. Zwischen diesen beiden Grenzen soll dann je nach der Rücksicht auf die Erziehung eines grösseren, werthvolleren Holzertrags zu allgemeinen Versorgungszwecken, auf die Erfüllung besonderer Verbindlichkeiten, Anforderungen und Bedürfnisse, auf Gefahren der Holzvorräthe durch Entwendung und Unglücksfälle, auf Gewinnung mancher Nebennutzungen etc. das „wirthschaftliche Schlagbarkeitsalter und weiter die normale Umtriebszeit" bestimmt werden*).

So ist denn von allen directen Vorschriften, welche König zur Ermittlung der vortheilhaftesten Umtriebszeit gab, auch nicht eine frei von Fehlern. Zwei Methoden der Rentabilitätsberechnung (diejenige der Boden-Erwartungswerthe und der durchschnittlich-jährlichen Verzinsung des Productionskapitals), welche er ganz richtig dargestellt hatte, wurden erst von Andern zur Bestimmung der vortheilhaftesten Umtriebszeit angewandt.

Faustmann**) war wohl der Erste, welcher die Regel, dass man zur Vergleichung der Rentabilität verschiedener Umtriebszeiten den Unterschied zwischen den Kapitalwerthen sämmtlicher Erträge und Kosten, d. h. den Bodenwerth, oder die Rente jenes Unterschiedes, die Bodenrente, berechnen müsse, mit voller Klarheit aussprach***). Zugleich wies Faustmann nach, dass diejenige Umtriebszeit, welche man in einem gegebenen Falle als die vortheilhafteste für den aussetzenden Betrieb erkannt habe, dies auch für den jährlichen Betrieb sei, und dass das arithmetische Mittel aus der Differenz sämmtlicher innerhalb einer Umtriebszeit erfolgender Einnahmen und Ausgaben nicht als ein richtiger Massstab zur Bestimmung der vortheilhaftesten Umtriebszeit gelten könne.

---

*) Forstmathematik, S. 570—573.

**) v. Wedekind's Neue Jahrbücher der Forstkunde, 1853, 2. Folge, 3. Band, 4. Heft, S. 358 ff.

***) Auch v. Thünen stellte — in dem 3. Bande seiner Schrift „Der isolirte Staat" — den Satz auf, dass die vortheilhafteste Umtriebszeit diejenige sei, bei welcher der Bodenwerth ein Maximum erreicht; allein dieser 3. Band, welcher nach der Angabe v. Thünen's grossentheils schon 1828 niedergeschrieben sein soll, erschien erst 1863 im Buchhandel. Den Bodenwerth, bezw. die Bodenrente ermittelte v. Thünen in der Weise, dass er von dem Waldreinertrag die Interessen des normalen Vorrathes abzog. Da er aber den Vorrath nach dem Verbrauchswerthe berechnete, so erhielt er weder den wahren Bodenwerth, noch traf er den richtigen Zeitpunkt, in welchem der Boden-Erwartungswerth kulminirt.

Dieselben Ansichten äusserte späterhin Pressler; er benutzte ausserdem zur Ermittlung der vortheilhaftesten Umtriebszeit die Formel für die durchschnittlich-jährliche Verzinsung des Productionskapitals und vervollkommnete zu gleichem Zwecke die auch schon von König behandelte Theorie der laufend-jährlichen Verzinsung.

Wir haben in der vorstehenden geschichtlichen Skizze vorzugsweise die Ansichten von früheren Koryphäen des Forstfachs, sowie von solchen Schriftstellern mitgetheilt, welche an der Ausbildung der Lehre von der finanziellen Umtriebszeit einen hervorragenden Antheil nahmen. Es liegt in der Natur der Sache, dass die auf dem Gebiete dieser Theorie gewonnenen Resultate, welche zum Theil in schroffem Gegensatze zu den hergebrachten Anschauungen standen, sich nur allmählig Bahn brachen, und es kann daher nicht auffallen, dass immer wieder Schriftsteller auftraten, welche das von Andern Verlassene festhielten und zur Geltung zu bringen suchten. Insbesondere ward es vielen Forstwirthen schwer, sich von der Vorstellung zu trennen, dass der Staat andere Umtriebszeiten einzuhalten habe als der Private. Diese Ansicht, welche in der Aufstellung einer „nationalökonomischen" Umtriebszeit einen Ausdruck suchte, wurzelt neben der Annahme, dass der Staat nach Art eines guten Hausvaters für den Holzbedarf seiner Angehörigen sorgen müsse, in einer eigenthümlichen Hypothese, deren Elemente sich bereits in staatswissenschaftlichen Schriften des vorigen Jahrhunderts finden*). Man meint, der Verlust, welchen der Staat durch Einhaltung einer andern Umtriebszeit als derjenigen des grössten Boden-Reinertrages erleide, sei verschwindend gegen den Gewinn, der sich aus der Verarbeitung des Holzes durch die Gewerbe ergebe. Die Unrichtigkeit dieses Satzes, dem überdies jede statistische Unterlage mangelt, lässt sich leicht nachweisen. Werfen jene Gewerbe wirklich einen so bedeutenden Gewinn ab, so werden sie, zumal ihnen der nachhaltige Bezug des benöthigten Rohmaterials gesichert ist, eine grössere Zahl von Unternehmern anziehen, deren Konkurrenz den Preis des Rohstoffes in die Höhe treibt. Erlangt dieser Preis nicht denjenigen Betrag, welcher zur Deckung der Erzeugungskosten des Rohstoffes erforderlich ist, so folgt hieraus, dass der Gewinn der Holz verarbeitenden Gewerbe nicht gross genug ist, um den Verlust auszugleichen, welcher dem Produzenten aus der Abgabe des Rohstoffes unter dem Kostenpreise erwächst.

Als Vater der Lehre von der „nationalökonomischen" Um-

---

*) Z. B. bei Darjes, Erste Gründe der Cameralwissenschaften, 1756.

triebszeit kann vielleicht Meyer*) angesehen werden, welcher auch schon den Ausdruck „Nationalforstökonomie" anwendet**). Meyer hält im Allgemeinen diejenige Umtriebszeit für die vortheil-hafteste, welche nicht blos die Naturalbedürfnisse vollkommen be-friedigt, sondern auch den Wald oder die Waldfläche „ökonomistisch" benutzt***). Deshalb gestattet er dem Privaten, der Zins auf Zins in Anschlag bringen müsse, diejenige Wirthschaftsweise, bei welcher binnen der möglichst kürzesten Zeit aus dem Walde ein Ertrag gezogen wird †). Der Hauptzweck der Staats- oder Domänen-waldungen dagegen geht nach Meyer „auf die Gewinnung der grösstmöglichsten und brauchbarsten, den Bedürfnissen entsprechend-sten Quantität von Naturalproducten und zwar des Holzes; der Nebenzweck auf den grösstmöglichsten reinen Geldertrag, da nicht im Gelde, sondern in der grösstmöglichsten Masse von Ur- und Industrieproducten, die nicht blos hinreichen, alle National-bedürfnisse zu befriedigen, sondern auch den Staatsbürgern einen reinen Kapitalgewinn versprechen, der Nationalwohlstand gegründet ist und der Mangel an solchen nicht immer durch die Metall-münze ersetzt werden kann "††). „Erst dann, wenn die Landes-bedürfnisse oder diejenigen befriedigt sind, worauf bei den mög-lichst niedrigen Preisen die Staatsbürger ihrer Nothdurft und Auf-rechthaltung der Industrie wegen zunächst Anspruch zu machen haben, kommt auch der möglichst grösste aus einer Waldung zu gewinnende Geldertrag in Betracht"†††).

Aehnliche Ansichten wie die Meyer'schen finden wir bei Daniel Müller, welcher geradezu von einer „nationalökonomischen Hau-barkeit" spricht*†). Er verlangt, dass das „den innern Kunstfleiss fördernde und die meiste productive Arbeit verschaffende" Holz auf der kleinsten Fläche (jedoch in der kürzesten Zeit und mit dem geringsten Aufwande*††) erzogen, und dass die zu diesem Zwecke nicht erforderliche Waldbodenfläche zur Herstellung einer „gün-

---

*) Forstdirectionslehre, 1810.
**) Dieselbe, S. 200.
***) Daselbst.
†) A. a. O. S. 215.
††) A. a. O. S. 209.
†††) Daselbst, S. 219.
*†) Versuch zur Begründung eines allgemeinen Forstpolizeigesetzes, 1825, S. 77.
*††) Dass diese Forderung nicht etwa auf die finanzielle Umtriebszeit, sondern nur auf die Einhaltung möglichster Sparsamkeit hinzielt, ergibt sich aus dem folgenden Theile des Satzes.

stigen Handelsbilanz mit dem Auslande" auf das grösste Geldein-
kommen bewirthschaftet werde*).

Am schärfsten ist die Theorie der „nationalökonomischen"
Umtriebszeit von Schenck**) zugespitzt worden, weshalb man bei
ihm am deutlichsten wahrnehmen kann, wohin die Konsequenzen
dieser Lehre führen. Schenck hält die Forstwirthschaft gar nicht
für ein eigentliches Gewerbe, sondern nur für eine „Vor- und Fürsorge"***). Er trennt deshalb den Ertrag derselben nicht von dem
Ertrage der Holz konsumirenden Gewerbe und erachtet diejenige
Bewirthschaftungsart des Waldes für die vortheilhafteste, bei welcher der höchste „Gesammtertrag" erzielt werde†), ohne zu bedenken, dass bei diesem Rechnungsverfahren eine gut geführte
Forstwirthschaft in Verbindung mit schlecht rentirenden Gewerben
selbst als uneinträglich erscheinen kann. Von der thunlichsten
Steigerung der Naturalproduction verspricht er sich das grösste
Nationaleinkommen, weil „die Möglichkeit, zu billigen Preisen
und unter angemessenen Bedingungen Waldproducte beziehen zu
können, die Erfindung der Mittel, sie zweckmässig zu verwenden,
veranlasse, wie das in neuerer Zeit aufgekommene Branntwein-
brennen aus Heidelbeeren schon genugsam beweise"††). Stelle die
Arbeit vom Walde sich nicht lohnend dar, so treffe der Vorwurf
weder den Wald, noch das Holz, sondern die Lage der Gegend
und die „Application" ihrer Bewohner; die gegentheilige Ansicht
beruhe auf „blos örtlichen Verhältnissen, auf dem, wie es dort ist,
nicht aber auf dem, wie es dort sein könnte"†††). Die Holzpreise
dürfe man da, wo zu wenig Holz erzogen werde, nicht durch Ver-
steigerung auf das Meistgebot „willkürlich" erhöhen, weil dadurch
die bestehenden Holz verbrauchenden Gewerbe gedrückt würden*†).
U. s. w.

Neuerdings ist Grebe*††) als Vertheidiger der „nationalökonomischen" Umtriebszeit aufgetreten. Er nimmt den Standpunkt
von Meyer und Müller ein und hat in seiner vorerwähnten Schrift
die vermeintlichen Vortheile hoher (die finanzielle Umtriebszeit
übersteigender) Umtriebe ziemlich vollständig zusammengestellt.

---

*) A. a. O. S. 83.
**) Das Bedürfniss der Volks-Wirthschaft, II. Band, 1831.
***) Daselbst, S. 215.
†) Daselbst, S. 280 und an mehreren andern Stellen.
††) Daselbst, S. 321.
†††) A. a. O. S. 88.
*†) Daselbst, S. 327.
*††) Die Betriebs- und Ertrags-Regulirung der Forsten, 1867, § 146 u. 147.

In die forstliche Praxis haben die Grundsätze der (Boden-) Reinertragswirthschaft bis jetzt noch wenig Eingang gefunden, wie dies bei einer verhältnissmässig noch jungen Wissenschaft kaum anders erwartet werden kann. Namentlich für Staatswaldungen hält man wohl noch allerwärts die technische Umtriebszeit oder die Umtriebszeit des grössten Naturalertrages fest. So bestimmt die Instruction zur Taxation der Grossherzoglich Badischen Domänen-Waldungen, Carlsruhe 1843, im § 6 als „allgemeine Regel, dass eine Verkürzung der Umtriebszeit unter den Zeitpunkt, wo der durchschnittlich höchste Materialertrag in nutzbaren Hölzern erfolgt, nicht stattfinden darf, dagegen ist diese Umtriebszeit nicht höher zu halten, als zur Gewinnung gesuchter Holzsortimente ohne ansehnlichen, mit ihrem Mehrwerthe ausser Verhältniss tretenden Productionsverlust nöthig ist." In der Schrift: „Die Forstverwaltung Bayerns, München 1861" heisst es im § 119: „Die Nachhaltigkeit der Nutzung in den Staatswaldungen stellt das Forstgesetz vom 28. März 1852 in der Erwägung, dass dieselben Gesammtgut der Nation sind, die lebende Generation aber nur zum Vollgenuss der Früchte des Nationalvermögens berechtigt ist, als obersten Grundsatz auf. In zweiter Linie ist der Staatsforstwirthschaft gesetzlich die grösstmöglichste Production der den Bedürfnissen des Landes und der einzelnen Landestheile entsprechenden Holzsortimente, insbesondere der zum Oekonomie- und Gewerbsbetriebe unentbehrlichen stärkeren Bau- und Nutzhölzer zur Aufgabe gesetzt, deren Erziehung weniger im Interesse der übrigen Waldbesitzer liegt und denselben nur mit grossen pekuniären Opfern zugemuthet werden könnte." Aehnlich die „Darstellung der Königlich Sächs. Staatsforstverwaltung und ihrer Ergebnisse, Dresden 1865", S. 16: „Nachhaltigkeit des Ertrags gilt als oberstes Prinzip, bei grösstmöglichster Nutzholzproduction, namentlich auch an stärkeren Sortimenten, da die Fürsorge auf Beschaffung dieser Artikel dem Staate unbedingt zufällt, und man den Privatwaldbesitzern mehr die Brennholzproduction, welche durch zunehmenden Gebrauch von Surrogaten aller Art an Bedeutsamkeit bereits in Etwas verloren hat, überlassen kann."

Die gegen die finanzielle Umtriebszeit erhobenen Einwände.

Das Auftreten Pressler's, welcher namentlich die Wirthschaft des grössten Naturalertrages mit scharfen Worten gegeisselt hatte, regte das forstliche Publikum an, sich mit der (Boden-) Reinertragstheorie zu beschäftigen, rief aber auch eine lebhafte Opposition hervor. Gegen die Einführung der Umtriebszeit des grössten Boden-Erwartungswerthes insbesondere wurde eine Reihe von Bedenken erhoben, welche wir jetzt, soweit sie überhaupt Beachtung verdienen und in dem Vorhergehenden noch nicht behandelt wurden, einer Würdigung unterziehen wollen.

A. Im Allgemeinen hat man gegen die Umtriebszeit des grössten Boden-Erwartungswerthes eingewandt:

a. Die Factoren zur Berechnung des Bodenwerthes, namentlich die künftigen Holzpreise und der anzuwendende Zinsfuss seien zu unsicher und veränderlich, um als alleinige Regulatoren eines für längere Zeiträume berechneten forstlichen Wirthschaftsbetriebes benutzt werden zu können*).

Hiergegen lässt sich Folgendes geltend machen:

α. Auch die Umtriebszeiten des grössten Gebrauchswerthes, des grössten Brutto-Ertrages und des grössten Waldreinertrages sind Functionen der Holzpreise, und die technische Umtriebszeit wird ebenfalls durch einen sehr veränderlichen Factor — die Grösse und Art des Holzbedarfs — bedingt. Nur die Umtriebszeit des grössten Naturalertrages ist unabhängig von den Preisen der Forstproducte; sie wahrt aber auch in Folge dessen die Interessen des Waldbesitzers nicht und wird aus diesem Grunde selbst von Denjenigen, welche den vorerwähnten Einwand erhoben haben, verworfen, oder wenigstens nicht ausschliesslich (sondern in Verbindung mit der Umtriebszeit des höchsten Gebrauchswerthes) zur Anwendung empfohlen.

β. Hat man sich einmal dahin entschieden, dass nur diejenige Umtriebszeit eine wirthschaftliche ist, welche sich auf eine Zinsenberechnung stützt, so kann der Umstand, dass der Zinsfuss im Laufe der Zeit steigt oder fällt, nur Veranlassung bieten, bei der Feststellung der Umtriebszeit die Aenderungen des Zinsfusses zu berücksichtigen; er berechtigt aber keineswegs zu einem völligen Aufgeben der finanziellen Umtriebszeit und zum Uebergange zu einer andern Umtriebszeit, welche man als unwirthschaftlich erkannt hat. Denn wenn die Unterlagen einer Rechnungsweise nicht ganz genau sind, so muss man sich eben mit einem geringeren Genauigkeitsgrade des Resultates begnügen; man verbessert aber den Fehler nicht dadurch, dass man auf die Rechnung überhaupt

---

*) Allgemeine Forst- und Jagd-Zeitung, 1866, S. 230. — Grebe, a. a. O. S. 158.

verzichtet. Ueberdies wird ja auch vorausgesetzt, dass die auf Grundlage eines gewissen Zinsfusses berechnete Umtriebszeit nachträglich korrigirt werden muss, wenn der Zinsfuss sich ändert. Auf temporäre Schwankungen des letzteren hat man bei Festsetzung des Umtriebs keine Rücksicht zu nehmen; nachhaltige Aenderungen pflegen sich aber so zeitig anzukündigen, dass man immer im Stande sein wird, nach ihnen den Betrieb ohne grosse Opfer zu modifiziren.

b. Die Nutzung beträchtlicher Holzvorräthe, welche bei dem Uebergange von einer höheren zur finanziellen Umtriebszeit disponibel würden, bereichere nicht die Kasse des Waldbesitzers, weil die Holzpreise in dem nämlichen Verhältnisse, in welchem das Angebot steige, zu sinken pflegten*).

Den eben erwähnten Einwand hat man durch Erfahrungen, welche im Grossherzogthum Hessen bei dem Holzverkaufe gemacht wurden, zu belegen gesucht. Vor 1848 wurden in diesem Lande durchschnittlich-jährlich 558549, nach 1848 dagegen 682274 summarische Stecken, also nach 1848 123725 Stecken oder 22¼ % mehr geschlagen; die Einnahme betrug vor 1848 809400, nach 1848 dagegen nur 567600 Gulden, also 241800 Gulden weniger, als vor 1848. Allein aus diesen Zahlen folgt nur, dass der Preis einer Waare sinkt, wenn man dieselbe in zu grossen Massen auf den Markt bringt, dass man also Vorrathsüberschüsse nicht in zu kurzen Zeiträumen verwerthen darf. Auch wird die Unrichtigkeit des Satzes, dass sich bei vermehrtem Angebot die Preise stets erniedrigen, dadurch dargethan, dass in Hessen 1865 die Holzpreise beinahe wieder auf den Stand derjenigen vor 1848 gestiegen waren, ohne dass man die Grösse des jährlichen Einschlags vermindert hatte. Uebrigens ist, wie bereits S. 48 nachgewiesen wurde, ein Vermehren des Angebotes, wenn durch dasselbe die Holzpreise gedrückt werden, nicht unbedingt, sondern nur dann als unwirthschaftlich zu betrachten, wenn das Kapital, welches man durch Verwerthung des Holzes erzielt, bei anderweitiger gleichsicherer Anlage nicht die nämliche Rente liefert, wie der Vorrathsüberschuss im Walde selbst.

c. Bei der Kalkulation der finanziellen Umtriebszeit werde das dermalen bestehende Verhältniss zwischen den Preisen der stärkeren und schwächeren Sortimente zu

---

*) **Braun,** Der sogenannte rationelle Waldwirth, 1865. — **Nördlinger's** kritische Blätter, 49. Band, 2. Heft, S. 176.

Grunde gelegt; nach dem Uebergange von einer höheren zu einer niederen Umtriebszeit müsse sich dagegen dieses Verhältniss ändern, weil jetzt die geringeren Sortimente in grösserem Masse zum Angebot gelangten. Rechne man nunmehr die finanzielle Umtriebszeit von Neuem aus, so erweise sich jetzt wieder eine höhere Umtriebszeit als vortheilhaft. Es sei deshalb nicht räthlich, sich behufs Herstellung der finanziellen Umtriebszeit der Starkhölzer zu entäussern, welche voraussichtlich später im Preise wieder steigen würden*).

Dieser Einwand würde nur dann gegründet sein, wenn man bestimmt wüsste, dass jede Umtriebszeit, welche stärkere Sortimente erzieht, sich im Laufe der Zeit zur finanziellen Umtriebszeit gestalten werde. Dies ist aber keineswegs der Fall. Denn wenn auch angenommen werden kann, dass die erstmalig berechnete finanzielle Umtriebszeit sich nicht als solche erhalten werde, so lässt sich doch nicht voraussetzen, dass man mit der neuerdings zu berechnenden genau wieder auf den Punkt zurückkehren werde, von welchem man ausgegangen ist. Es handelt sich also darum, die wahre finanzielle Umtriebszeit ausfindig zu machen. Das Verfahren, welches zu diesem Zwecke anzuwenden ist, wurde bereits S. 46 angegeben. Man ändert von vornherein die Umtriebszeit nur wenig, beobachtet gleichzeitig, welchen Einfluss das vermehrte Angebot an schwächeren Sortimenten auf den Stand der Holzpreise ausübt und berechnet dann die Umtriebszeit von Neuem. So wird man nach und nach zur Kenntniss der den jeweiligen Absatzverhältnissen entsprechenden finanziellen Umtriebszeit gelangen.

Ein rücksichtsloses Abschlachten der Starkhölzer, auch wenn dieselben nach den dermaligen Preisen die Erzeugungskosten nicht lohnen, liegt übrigens keineswegs im Prinzipe der finanziellen Umtriebszeit, weil bei der Berechnung derselben auch die künftigen Holzpreise in Betracht kommen. Nur dürfen nicht solche Preise in Ansatz gebracht werden, für welche es an einem thatsächlichen Anhalt, namentlich auch in den Holzpreisständen der Vergangenheit, fehlt, weil andernfalls die Wirthschaft Verluste treffen können. In der That würde ein Waldbesitzer, welcher in der unbestimmten Hoffnung auf das zufällige Eintreten hoher Holzpreise seine Starkhölzer ungenutzt lassen wollte, dem Hazardspieler gleichen, welcher um eines prekären Gewinnes wegen einen unverhältnissmässigen Einsatz' wagt. Erfolgt aber nach vollzogener Einführung der

---

*) Kritische Blätter von Nördlinger, 49. Band, 2. Heft, S. 173 ff.

finanziellen Umtriebszeit eine Preissteigerung, welche anfänglich nicht in Rechnung genommen werden konnte, so ist der Waldbesitzer ja nicht an die Einhaltung der früher festgesetzten Umtriebszeit gebunden. Er kann dann von mittlerweile eingetretenen Konjuncturen ebenwohl Nutzen ziehen, wenn er die „Umtriebszeit erhöht, und hierzu sind gerade nicht sehr lange Zeiträume erforderlich. Denn man wird, wie Reuning*) treffend bemerkt, nicht das Holz, welches jetzt gesäet oder gepflanzt wird, für die starken Bäume bestimmen, sondern das bereits älteste in den Beständen**).

d. **Durch Herabsetzung der in den Staatswaldungen eingeführten höheren Umtriebszeiten werde gewissen Gewerben das Material zur Darstellung von Fabrikaten entzogen und eine zahlreiche Klasse der Bevölkerung um den gewohnten Arbeitsverdienst gebracht***).**

Wir haben den vorstehenden Einwand bereits S. 54 von der finanziellen Seite her beleuchtet und nachgewiesen, dass der Staat keinen Gewinn dabei hat, wenn er Holz unter dem Kostenpreise an Gewerbtreibende verabfolgt. Wollte er nichtsdestoweniger zu Gunsten Einzelner Holzsortimente erziehen, welche den Productionsaufwand nicht lohnen, so könnten ihn hierzu nur Rücksichten der Armenpflege bestimmen. Denn eine derartige Abgabe von Holz unter dem Kostenpreise ist nichts als ein Almosen. Erwägt man aber

α. dass eine Erhöhung der Umtriebszeit in sämmtlichen Staatswaldungen nicht blos den Bedürftigen, sondern auch Solchen, welche das Holz nach dessen Kostenwerthe bezahlen können, zu Gute kommen würde;

β. dass die Behörden gar nicht in der Lage sind, mit Sicherheit zu bestimmen, ob jeder Gewerbtreibende, welcher Anspruch auf Ueberlassung von Holz unter dem Kostenpreise erhebt, einer Unterstützung wirklich bedürftig ist, dass daher solche

---

*) Allgemeine Forst- u. Jagd-Zeitung, 1866, S. 276.
**) Auch die Ansicht, dass wenigstens der Staat keine Veranlassung habe, die Starkholzvorräthe in seinen Waldungen zu vermindern, weil ihm bei der zunehmenden Tendenz der Privatwaldbesitzer, zu niederern Umtriebszeiten überzugehen, sonst die Gelegenheit entschwinde, sich später die „zweifelsohne" zu erzielenden hohen Preise der stärkeren Hölzer zu gut zu machen, — können wir nicht theilen. Es fehlt ja dem Staate alle Kontrole darüber, ob und in wie weit die Privaten ihre Starkholzvorräthe angreifen. (Vgl. Kritische Blätter von Nördlinger, 49. Band, 2. Heft, S. 174, 175.)
***) Allgemeine Forst- u. Jagd-Zeitung, 1866, S. 230.

Unterstützungen in vielen Fällen eine Bereicherung Einzelner auf Kosten der übrigen Staatsbürger zur Folge haben müssen;

γ. dass die dauernde Unterstützung solcher Gewerbe, welche nicht lebensfähig sind, nicht geboten erscheint, weil Diejenigen, welche derartige Gewerbe betreiben, sich anderen, lohnenderen Erwerbszweigen zuwenden können;

so gelangt man zu dem Schlusse, dass der Staat nicht verbunden ist, in seinen Waldungen hohe Umtriebe dauernd einzuhalten, und dass demselben höchstens zugemuthet werden darf, bestehende hohe Umtriebe nicht plötzlich zu verkürzen, damit Diejenigen, deren Existenz bisher auf den Bezug billigen Holzes gegründet war, Zeit erhalten, sich nach einer andern Beschäftigung umzuthun.

e. Die Einhaltung der Umtriebszeit des grössten Boden-Reinertrages sei mit der Herstellung geregelter Hiebs-folgen und eines normalen Altersklassenverhältnisses un-vereinbar*).

Dieser Einwand gründet sich auf die Unterstellung, dass es den Prinzipien der finanziellen Umtriebszeit widerstreite, auch bei abnormen Altersklassen einen Bestand in einem andern Alter als demjenigen der finanziellen Haubarkeit zu nutzen. Da indessen die Herstellung einer geregelten Hiebsfolge ebenfalls ein Mittel ist, um einen Wald in denjenigen Zustand zu bringen, in welchem er das grösste Einkommen gewährt, so sind Abweichungen von dem finan-ziellen Haubarkeitsalter, welche zur Anbahnung eines normalen Altersklassenverhältnisses dienen sollen, vom Standpunkte der Reinertragstheorie vollkommen zulässig. Sie rechtfertigen sich für die finanzielle Umtriebszeit mindestens in gleichem Masse, wie für jede andere Umtriebszeit, deren generelle Durchführung bei ab-normen Waldzuständen ja ebenfalls nicht zu bewerkstelligen ist, ohne dass in dem Uebergangszeitraum Bestände von höherem oder geringerem als dem normalen Haubarkeitsalter geerntet werden.

f. Bei kurzen Umtrieben, wie solche für das Maximum des Boden-Erwartungswerthes sich berechneten, werde die Bodenkraft gefährdet**).

Hiergegen ist zu bemerken, dass nach vorliegenden Berech-nungen die finanzielle Umtriebszeit keineswegs so niedrig ausfällt, als man gemeinhin annimmt. Bei Unterstellung mässiger Zinsfüsse (2½ — 3 Prozent) trifft die finanzielle Umtriebszeit der Hochwal-

---

*) Grebe, a. a. O. S. 159.
**) Allgemeine Forst- u. Jagd-Zeitung, 1865, S. 366.

dungen dermalen meist das 60- bis 70jährige Bestandsalter; in Praxi
werden aber, zur Verhütung einer Ueberfüllung des Marktes mit
schwächeren Sortimenten, wohl noch 1—2 Jahrzehnde zugesetzt
werden müssen. Bei Umtriebszeiten von dieser Höhe ist nicht zu
befürchten, dass die Bodenkraft nothleiden werde, wenn nur für
möglichst rasche Deckung der abgeholzten Flächen durch neue
Kultur gesorgt wird. Gibt es doch Schälwaldungen, welche schon
seit langer Zeit mit viel kürzeren (16—20jährigen) Umtrieben bewirthschaftet werden, ohne in ihren Erträgen rückgängig geworden
zu sein. Nach Wohmann liefern die Hackwaldungen bei Lorch,
in welchen nachweisbar schon seit drei Jahrhunderten neben der
Holzzucht zeitweilig Getreidebau stattfindet, neuerdings zufolge
besserer Bestandspflege sogar um 25 % höhere Erträge*).

B. Im Besonderen.

Unter *A* ist eine Reihe von Einwänden gewürdigt worden,
welche darauf abzielen, die Anwendbarkeit der Umtriebszeit des
grössten Boden-Erwartungswerthes mehr oder weniger in Frage
zu stellen. Wir haben jetzt noch die von einigen Schriftstellern
aufgestellte Behauptung zu beleuchten, dass für den jährlichen
Betrieb andere Umtriebszeiten sich berechneten als für
den aussetzenden Betrieb.

a. Bose**) ist der Meinung, der frühere oder spätere
Eingang der Vornutzungen übe zwar bei dem aussetzenden, nicht aber bei dem jährlichen Betriebe einen Einfluss auf die Höhe der Umtriebszeit aus, weil die Summe
$A_u + D_a + \ldots + D_q$ durch die Eingangszeit jener Nutzungen
nicht verändert werde. Er hatte hierbei offenbar nur die Rente
der Erträge im Auge und übersah, dass die Vornutzungen auch in
dem Productionsfonds erscheinen und diesen, wie sich aus der
Kostenwerthsformel des normalen Vorrathes

$$\frac{(B+V+c)\,(1,0p^u-1) - [D_a\,(1,0p^{u-a}-1) + \ldots]}{0,0p} = -u\,(B+V)$$

ergibt, mit ihren Nachwerthen entlasten***). Es wird also die
Höhe der Umtriebszeit auch bei dem jährlichen Betriebe durch die
Eingangszeit der Vornutzungen bedingt. Ermittelt man die ein-
träglichste Umtriebszeit unter Zugrundlegung der vorstehenden
Formel, so erhält man sowohl nach der Methode des Unternehmer-

---

*) Allgemeine Forst- u. Jagd-Zeitung, 1865, S. 403.
**) Beiträge zur Waldwerthberechnung, 1863, S. 68 und 141.
***) Vgl. des Verfassers „Anleitung zur Waldwerthrechnung", S. 110, IV, 2.

gewinns als nach der Verzinsung des Productionsfonds die Umtriebszeit des grössten Boden-Erwartungswerthes, wie auch schon
früher nachgewiesen wurde.

b. Kraft*) ist der Ansicht, dass bei dem jährlichen Betriebe sich noch höhere Umtriebe ohne Verlust einhalten
liessen, „weil das Verzinsungsprozent der gesammten normalen Schlagreihe noch ein befriedigendes sein könne,
während das Prozent des ältesten Schlages schon auf eine
sehr geringe Grösse herabgehe." Er findet diese Rentabilitäts-
verschiedenheit der beiden genannten Betriebsarten „in der beim
Nachhaltbetriebe hervortretenden Mitwirkung der jüngern, mit hohen
Zuwachsprozenten arbeitenden Glieder der Schlagreihe begründet."

Hiergegen ist zunächst Folgendes zu bemerken. Hat der Waldbesitzer einmal ein gewisses Prozent p festgesetzt, welches er von
seiner Wirthschaft fordert und daher auch seinen Rentabilitätsberechnungen zu Grunde legt, so muss er jede Wirthschaftsweise,
welche weniger als dieses Prozent liefert, als Verlust bringend betrachten. Hierbei kann es keinen Unterschied machen, ob der
Wald, welcher weniger als p Prozent einträgt, mit dem jährlichen
oder aussetzenden Betriebe behandelt wird; eine Verlustwirthschaft
ist immer da, sobald nicht p Prozent erzielt werden. Sollte das
Wirthschaftsprozent bei dem jährlichen Betriebe für eine gewisse
Umtriebszeit sich noch höher stellen als die laufend-jährliche Verzinsung eines im aussetzenden Betriebe stehenden Bestandes vom
Alter jener Umtriebszeit, aber in beiden Fällen kleiner als p sein,
so würde hieraus nur gefolgert werden können, dass der jährliche
Betrieb weniger schlecht rentirt, als der aussetzende, keineswegs
aber, dass eine Umtriebszeit von der angegebenen Beschaffenheit
bei dem jährlichen Betriebe nun positiv vortheilhaft sei.

Es können daher, wenn es sich um die Frage handelt, ob bei
dem jährlichen Betriebe eine gewisse Umtriebszeit mit grösserem
Vortheile einzuhalten sei als bei dem aussetzenden Betriebe, überhaupt nur solche Umtriebszeiten in Betracht kommen, für welche
der jährliche Betrieb noch mindestens p Prozent liefert. Die vorliegende Frage ist also dahin zu präzisiren: kann eine Wirthschaft
bei dem jährlichen Betriebe noch zu p Prozent rentiren, während
sie bei dem aussetzenden Betriebe weniger als p Prozent abwirft?

Die Antwort auf diese Frage lautet für den Fall, dass man
als Bodenwerth im Productionsfonds den Boden-Erwartungswerth,
bezw. das Maximum desselben annimmt, verneinend. Sowohl bei

---

*) Kritische Blätter, 49. Band, 2. Heft, S. 170—171.

dem jährlichen als bei dem aussetzenden Betriebe stellt sich unter
der angegebenen Voraussetzung das Prozent der laufend-jährlichen
Verzinsung für diejenige Umtriebszeit, bei welcher der Boden-Erwartungswerth kulminirt, auf den Betrag von p. Es ist daher die
obige Behauptung Kraft's mindestens in ihrer Allgemeinheit unrichtig und hiermit auch die Ansicht desselben widerlegt, dass die
höhere Verzinsung des jährlichen Betriebes unter allen Umständen
in der bei demselben hervortretenden Mitwirkung der jüngeren mit
hohen Zuwachsprozenten arbeitenden Glieder der Schlagreihe begründet sei.

Setzt man dagegen in den Productionsfonds einen Bodenwerth
ein, welcher kleiner als das Maximum des Boden-Erwartungswerthes ist, so sinkt allerdings das Verzinsungsprozent des jährlichen Betriebes später auf den Betrag von p, als dasjenige des
aussetzenden Betriebes. Da wir indessen Seite 29 nachgewiesen
haben, dass bei diesem Betriebe für den vorliegenden Zweck stets
nur das Maximum des Boden-Erwartungswerthes unterstellt werden
darf, so ergibt sich, dass die einträglichste Umtriebszeit des jährlichen und des aussetzenden Betriebes durchaus in den nämlichen
Zeitpunkt fällt.

c. Bose behauptet, bei einem „schon vorhandenen Normalwalde" (d. h. einer fertig gebildeten Betriebsklasse)
lasse sich mit Vortheil eine höhere Umtriebszeit einhalten,
als bei einem erst herzustellenden Normalwalde, weil
bei jenem der, einen Theil des Productionsfonds bildende,
normale Vorrath nach seinem Verbrauchswerthe 'veranschlagt werden müsse und in Folge dessen auch noch für
höhere Umtriebe eine angemessene Verzinsung des Betriebskapitals sich herausstelle*). Gegen diese Methode der
Berechnung des normalen Vorrathes lässt sich jedoch einwenden,
dass wenigstens der Werth derjenigen Bestände, welche das Alter
der finanziellen Umtriebszeit noch nicht erreicht haben, nach dem
stattgehabten Erzeugungsaufwande angesetzt werden muss. Eher
schon wäre es zu rechtfertigen, wenn bei Beständen höheren Alters
nicht der Kostenwerth, sondern der Verbrauchswerth in Rechnung
gezogen würde, weil solche Bestände nicht zum Kostenpreise ver-

---

*) Beiträge zur Waldwerthberechnung, § 26. — Aehnliche Ansichten wie
diejenigen, welche Bose über die Verschiedenartigkeit der Rentabilität des
aussetzenden und des jährlichen Betriebes geäussert hat, müssen sich schon
vor langer Zeit geltend zu machen gesucht haben, denn Pfeil trat denselben
bereits 1824 (in seinen „Grundsätzen der Forstwirthschaft in Bezug auf die
Nationalökonomie und die Staatsfinanzwissenschaft", II, 165) entgegen.

werthet werden können. Allein die geringere Bezifferung des Productionsaufwandes, welche sich bei diesem Rechnungsverfahren ergibt, übt auf die Bestimmung der künftig einzuhaltenden Umtriebszeit nicht den geringsten Einfluss aus, weil jeder bereits vorhandene Bestand bis zu seinem Abtriebe hin mit den normalen Productionskosten, jeder neue Bestand aber, welcher an die Stelle eines
älteren tritt, mit den gesammten Kosten der Erzeugung belastet
wird. Nach Ablauf dieser Umtriebszeit ist also der normale Vorrath gerade so hergestellt, als wenn der jährliche Betrieb auf einer
kahlen Fläche nach und nach eingerichtet worden wäre; es muss
daher alsdann auch der ungeschmälerte Kostenwerth dieses Vorrathes für die Ermittlung der Umtriebszeit in Rechnung genommen
werden. Das Bose'sche Theorem fehlt darin, dass es den Unterschied zwischen fixen und beweglichen Kapitalien nicht beachtet.
Wer die Requisiten zum Betriebe irgend eines Gewerbes unter
deren wahrem Werthe erwirbt, kann sich nur von den fixen Kapitalien auf die Dauer hin einen Gewinn versprechen; bei den umlaufenden findet letzterer innerhalb der Wirthschaft nur einmal
statt, weil sie nach ihrem Austritt aus derselben von Neuem beschafft werden müssen*).

II. Titel.

Wahl der Holzart.

Sollen zwei Holzarten auf ihren wirthschaftlichen Effect verglichen werden, so hat man für jede diejenigen Verhältnisse zu
unterstellen, bei welcher sie an und für sich den grössten Vortheil
gewährt**). Dieser Fall wird dann eintreten, wenn man sie mit
der finanziellen Umtriebszeit behandelt.

I. Wahl der Holzart nach der Methode des Unternehmer-gewinns.

1. Diejenige Holzart, welche den grösseren Unternehmergewinn
liefert, ist die vortheilhaftere.

Den Unternehmergewinn selbst kann man nach S. 11 als Vorwerth, Nachwerth oder als jährliche Rente berechnen. Ergibt sich

---

*) Vgl. des Verfassers Aufsatz „Die Wahl der Umtriebszeit" in der
Allgemeinen Forst- und Jagd-Zeitung von 1866, Seite 9. — Auch aus dem
Satze v. Thünen's: „Ueber den dauernden Anbau des Bodens entscheidet
nicht die Grösse der Gutsrente, sondern allein die Grösse der Bodenrente"
lassen sich Gründe zur Widerlegung des Bose'schen Theorems herleiten.
v. Thünen, der isolirte Staat, 1826, zweite Auflage, 1842, S. 17.

**) Siehe Seite 19.

für die Holzart H die finanzielle Umtriebszeit u, für die Holzart
$\mathfrak{H}$ die finanzielle Umtriebszeit $\mathfrak{u}$, und stellen A_u, D_a, ... D_q c, v
die Erträge und Productionskosten der Holzart H; $\mathfrak{A}_u$, $\mathfrak{D}_a$, ...
$\mathfrak{D}_q$ c, v die korrespondirenden Werthe für die Holzart $\mathfrak{H}$ vor, so ist
der Vorwerth des Unternehmergewinns für die Holzart H:

$$\frac{A_u + D_a\,1, op^{u-a} + \ldots + D_q\,1, op^{u-q}}{1,\,op^u - 1} - (B + V + C_u)$$

und der Vorwerth des Unternehmergewinns für die Holzart $\mathfrak{H}$:

$$\frac{\mathfrak{A}_u + \mathfrak{D}_a\,1, op^{u-a} + \ldots + \mathfrak{D}_q\,1, op^{u-q}}{1,\,op^u - 1} - (B + \mathfrak{V} + \mathfrak{C}_u).$$

Sind, was häufig der Fall sein wird, ·die jährlichen Kosten
für beide Holzarten gleich, so können sie ebenso wie der Boden-
kostenwerth für den Zweck der Vergleichung vernachlässigt werden;
desgleichen die Kulturkosten, wenn deren Kapitalwerthe keine Verschiedenheit zeigen. Müssen aber alle Kosten in Betracht gezogen
werden, und stellt B_u den Boden-Erwartungswerth der Holzart H,
$\mathfrak{B}_u$ den Boden-Erwartungswerth der Holzart $\mathfrak{H}$ vor, so ist der
Unterschied des Unternehmergewinns der beiden Holzarten

$$B_u - \mathfrak{B}_u.$$

Unter den angegebenen Umständen ist also diejenige Holzart die
vortheilhaftere, für welche der grössere Boden-Erwartungswerth
sich berechnet.

Beispiel. Unterstellen wir für 1 Hectare Kiefernwald die in Tabelle A
verzeichneten Erträge und nehmen wir an, dass 1 Hectare Buchenhochwald
folgende Erträge liefere:

Jahr.	Zwischennutzungen Thlr.	Bleibender Bestand Thlr.	Haubarkeitsnutzung Thlr.
20	—	12,0	12,0
30	3,6	53,2	56,8
40	12,0	130,8	142,8
50	19,6	213,2	232,8
60	21,2	324,0	345,2
70	21,6	440,0	461,6
80	21,6	557,2	578,8
90	22,0	688,0	710,0
100	22,4	814,8	837,2

Nehmen wir weiter an, die jährlichen Kosten für Verwaltung, Schutz und
Steuern betrügen bei dem Kiefernwalde 1,2 Thlr., bei dem Buchwalde 1,6
Thlr., und setzen wir bei ersterem die Kulturkosten = 8 Thlr., bei letzterem
den Aufwand für Unterstützung der natürlichen Verjüngung = 2 Thlr. Es
fragt sich, welche von beiden Holzarten die vortheilhaftere sei. Zinsfuss
= 3 %.

Auflösung. Nach Tabelle B fällt das Maximum des Boden-Erwartungswerthes für den Kiefernbestand in das 70. Jahr und beträgt 120,8532 Thlr.;
die Rechnung ergibt ferner, dass der Boden-Erwartungswerth des Buchen-
bestandes im 60. Jahre kulminirt und für diese Umtriebszeit 26,4172 Thlr.
beträgt. Es wäre hiernach die Anzucht von Kiefern vortheilhafter, als diejenige von Buchen. Setzt man den Boden-Kostenwerth $B = 80$ Thlr., oder
unterstellt man, dass der Boden bei irgend einer andern Benutzungsweise den
Werth von 80 Thlrn. besitze, so wäre der Jetztwerth des gesammten Unternehmergewinns für den Kiefernwald $= 120,8532 - 80 = 40,8532$, für den Buch-
wald $= 26,4172 - 80 = -53,5828$ Thlr. Dieses Resultat zeigt an, dass die
Buchenzucht unter den angenommenen Umständen absolut unvortheilhaft ist.
Die jährliche Rente des Unternehmergewinns würde bei dem Kiefernwalde
$= 40,8532 . 0,03 = 1,2256$, bei dem Buchwalde $= -53,5828 . 0,03 =$
$-1,6075$ Thlr. sein.

2. Bildet man **einerseits** den Unterschied $\varDelta_1$ der Erträge,
anderseits den Unterschied $\varDelta_2$ der Productionsaufwände, so gibt
$\varDelta_1$ die Einnahme an, welche der etwaigen Vermehrung $\varDelta_2$ des
Productionsaufwandes der betr. Holzart entspricht.

Beispiel. Für die in dem vorigen Beispiele genannten Holzarten beträgt (im Vorwerth)

$$\varDelta_1 = 170,0124 - 82,1588 = 87,8536,$$
$$\varDelta_2 = 49,1592 - 55,7416 = -6,5824.$$

Hier haben wir also den Fall, dass die eine Holzart, die Kiefer, bei einem
geringeren Productionsaufwand einen grösseren Ertrag liefert. Nähmen wir
dagegen an, die jährlichen Kosten seien für beide Holzarten gleich, so würde

$$\varDelta_2 = 9,1592 - 2,4085 = 6,7507$$

sein, mithin einer Vermehrung des Productionsaufwandes bei dem Kiefern-
bestande im Betrage von 6,7507 Thlr. eine Ertragsmehrung von 87,8536 Thlr.
entsprechen, also für die Kiefer ein reiner Ueberschuss von 81,1029 Thlr. (im
Vorwerth) bleiben.

II. Wahl der Holzart nach Massgabe der Verzinsung des Productionsaufwandes.

1. Für den Fall, dass beide Holzarten gleichen Productionsaufwand erfordern, stellt sich diejenige Holzart als die vortheilhaftere dar, für welche das Prozent der durchschnittlich-jährlichen
Verzinsung des Productionskapitals am grössten ausfällt.

Nach S. 18 drückt sich dieses Prozent für die Holzart H durch
die Formel

$$p = \frac{\left(\dfrac{A_u + D_a \, 1,op^{u-a} + \ldots + D_q \, 1,op^{u-q}}{1, op^u - 1} \right) p}{B + V + C_u}$$

und für die Holzart $\mathfrak{H}$ durch die Formel

$$\mathfrak{p} = \frac{\left(\dfrac{\mathfrak{A}u + \mathfrak{D}_a \, 1,op^{u-a} + \ldots + \mathfrak{D}_q \, 1,op^{u-q}}{1, op^u - 1} \right) p}{B + \mathfrak{V} + \mathfrak{C}_u}$$

aus. Es würde also nur dann das Prozent der durchschnittlich-
jährlichen Verzinsung darüber entscheiden, ob die eine oder die
andere Holzart vortheilhafter sei, wenn

$$B + V + C_u = B + \mathfrak{V} + \mathfrak{C}_u$$

wäre. Dieser Fall wird freilich nicht gerade häufig eintreten. Man
kann aber gleiche Productionskapitalien für beide Holzarten in der
Weise herstellen, dass man nur B im Nenner belässt und ($V + C_u$)
beziehungsweise ($\mathfrak{V} + \mathfrak{C}_u$) mit negativen Zeichen in den Zähler
(innerhalb der Parenthese) bringt. Man erhält dann für die
Holzart H

$$\mathfrak{p} = \frac{\left(\dfrac{A_u + D_a\, 1, op^{u-a} + \ldots + D_q\, 1, op^{u-q}}{1, op^u - 1} - (V + C_u) \right) p}{B} = \frac{B_u}{B} \cdot p$$

und für die Holzart $\mathfrak{H}$

$$\mathfrak{p} = \frac{\left(\dfrac{\mathfrak{A}_u + \mathfrak{D}_a\, 1, op^{u-a} + \ldots + \mathfrak{D}_q\, 1, op^{u-q}}{1, op^u - 1} - (\mathfrak{V} + \mathfrak{C}_u) \right) p}{B} = \frac{\mathfrak{A}_u}{B} \cdot p$$

Beispiel. Behalten wir die Ansätze des unter I, 1 aufgeführten Beispiels bei, so ergibt sich für die Holzart H

$$\mathfrak{p} = \frac{120,8532}{80} \cdot 3 = 4,532 \, \%$$

und für die Holzart $\mathfrak{H}$

$$\mathfrak{p} = \frac{26,4172}{80} \cdot 3 = 0,991 \, \%.$$

Die Kiefer würde also den Vorzug verdienen.

2. Bildet man einerseits die Differenz $\varDelta_3$ der Ertragsrenten,
anderseits die Differenz $\varDelta_4$ der Productionskapitalien, so findet
man in $\dfrac{\varDelta_3}{\varDelta_4} \cdot 100$ das Prozent, zu welchem die Vermehrung $\varDelta_4$ des
Productionskapitals der betr. Holzart sich verzinst.

Beispiel. Behält man die Angaben des Beispiels unter I, 1 bei, so ist

$$\varDelta_3 = 170,0124 \cdot 0,03 - 82,1588 \cdot 0,03 = 2,6356,$$
$$\varDelta_4 = 49,1592 - 55,7416 = -6,5824.$$

Hier würde also wieder eine Verminderung des Productionsaufwandes durch
eine Erhöhung der Ertragsrente gelohnt werden. Nehmen wir dagegen an,
die jährlichen Kosten seien für die Kiefer und die Buche gleich, so würde

$$\varDelta_4 = 9,1592 - 2,4085 = 6,7507$$

sein, also die Vermehrung des Productionsaufwandes für die Kiefer im Betrage
von 6,7507 Thlr. sich zu

$$\frac{2,6356}{6,7507} \cdot 100 = 39 \text{ Prozent}$$

verzinsen.

III. Titel.

Wahl zwischen land- und forstwirthschaftlicher Benutzung des Bodens.

Man hat zunächst sowohl für die land-, als auch für die forstwirthschaftliche Benutzung das vortheilhafteste Wirthschafts-system ausfindig zu machen. Die Veranschlagung der landwirth-schaftlichen Erträge und Productionskosten wird in der Regel einem sachverständigen Landwirthe zu überlassen sein. Nicht zu über-sehen ist, dass der Boden für die Agrikultur häufig erst urbar ge-macht werden muss und dass landwirthschaftliche Grundstücke einer höheren Besteuerung zu unterliegen pflegen. — Für die vor-theilhafteste forstliche Benutzung sind insbesondere Holzart, Be-triebsart und Umtriebszeit massgebend.

Die jährlichen baaren Auslagen der Landwirthschaft werden nicht ausschliesslich am Ende, sondern auch theilweise im Laufe des Jahres bezahlt. Sie müssten also eigentlich auf das Ende des Jahres prolongirt werden, wenn man nicht unterstellen will, dass sich ihre Interessen gegen diejenigen der ebenfalls im Laufe des Jahres erfolgenden Einnahmen ausgleichen. Einige landwirthschaft-liche Schriftsteller bringen zur Bestreitung solcher Ausgaben, welche nicht durch gleichzeitige Einnahmen Deckung erhalten, ein beson-deres Kapital in Ansatz.

Die Rentabilitätsberechnung gestaltet sich für den Eigenthümer dann am einfachsten, wenn keine Kosten für Urbarmachung des Bodens, sowie für Errichtung von Wirthschaftsgebäuden zu ver-rechnen sind und wenn der Boden verpachtet werden kann. In letzterem Falle verzichtet der Eigenthümer freilich auf den Arbeits-verdienst, welchen er noch durch die eigene Bewirthschaftung des Bodens erlangen könnte, mitunter auch auf einen Theil der Bodenrente.

Bei der Landwirthschaft findet nur der jährliche Betrieb statt, bei der Forstwirthschaft kann sowohl dieser, als der aussetzende Betrieb angewendet werden. Der aussetzende Betrieb erfordert für den Anfang den geringsten Aufwand für Betriebskapital, lässt da-gegen auch am längsten auf den Bezug der Erträge warten und zwingt in Folge dessen den Unternehmer, die Interessen des Grund- und Betriebskapitals, abzüglich der Einnahmen für Vornutzungen, bis zum Ende der Umtriebszeit aufzuspeichern. Schon etwa von der Mitte der Umtriebszeit an nimmt die Summe jener Interessen, welche durch die Kostenwerthe der Bestände gefesselt wird, einen ebenso grossen Betrag ein, als das Betriebskapital des jährlichen Betriebs, wächst aber von diesem Zeitpunkte bis zum Ende der Umtriebszeit noch beträchtlich.

I. Wahl der einträglichsten Benutzungsweise des Bodens nach der Methode des Unternehmergewinns.

1. Diejenige Benutzungsweise des Bodens ist die vortheilhaftere, welche den grösseren Unternehmergewinn liefert.

Die Art des landwirthschaftlichen Betriebes weist darauf hin, den Unternehmergewinn vorzugsweise als Rente zu berechnen. — Nennen wir A_u, D_a .... D_q die forstlichen Erträge, c, v die forstlichen Productionskosten, $\mathfrak{A}$ den jährlichen landwirthschaftlichen Rauhertrag, $\mathfrak{v}$ den jährlichen landwirthschaftlichen Productionsaufwand ausschliesslich der Interessen des Boden-Kostenwerthes, so ist die Rente des forstlichen Unternehmergewinns

$$\left[\frac{A_u + D_a\,1,0p^{u-a} + ... + D_q\,1,0p^{u-q}}{1,0p^u - 1} - (B + V + C_u) \right] 0,0p,$$

die Rente des landwirthschaftlichen Unternehmergewinns

$$\mathfrak{A} - (\mathfrak{v} + B \cdot 0,0p).$$

Soll die Rente des forstlichen Unternehmergewinns aus den Erträgen und Productionskosten des jährlichen Betriebes hergeleitet werden, so hat man zu dem Ende (nach Seite 14) die Formel

$$\frac{A_u + D_a + ... + D_q - (uv + c)}{u} - (B + N)\,0,0p,$$

anzuwenden, welche den Unternehmergewinn für die Flächeneinheit angibt*).

Da für beide Benutzungsarten das nämliche ist, so kann B dasselbe (siehe Seite 15) für den blossen Zweck der Vergleichung

---

*) G. L. Hartig (Gutachten über die Fragen: welche Holzarten belohnen den Anbau am reichlichsten? und wie verhält sich der Geldertrag des Waldes zu dem des Ackers? 1833) u. A. verglichen die Rentabilität der Landwirthschaft und der Forstwirthschaft in der Weise, dass sie den landwirthschaftlichen Boden-Reinertrag dem Waldreinertrag gegenüberstellten. Der Ursprung dieses fehlerhaften Verfahrens, welches schon von Faustmann (a. a. O., S. 367) gerügt wurde, liegt darin, dass man den Ausdruck

$$\frac{A_u + D_a + ... + D_q - (uv + c)}{u}$$

für den forstlichen Boden-Reinertrag hielt (siehe Seite 62). Man unterschätzt begreiflicherweise die Rentabilität der Landwirthschaft beträchtlich, wenn man ihr auch noch die Verzinsung des normalen Vorrathes zumuthet, dessen Werth schon bei Umtriebszeiten von mittlerer Höhe den Werth des Waldbodens übersteigt.

vernachlässigt werden. Man wird B nur dann in Rechnung nehmen, wenn man die Absicht hat, den bei jeder Benutzungsweise stattfindenden Unternehmergewinn kennen zu lernen.

Beispiel. Es soll ermittelt werden, ob für ein Grundstück von 150 Hectaren, welches beim Ankaufe 15000 Thlr. gekostet hat, die forstwirthschaftliche oder die landwirthschaftliche Benutzung die vortheilhaftere ist.

Angenommen, man habe gefunden, dass für das fr. Grundstück die Kiefer einträglicher sei als irgend eine andere Holzart, und dass dieselbe die in Tabelle A verzeichneten Erträge liefere, so ergibt sich das Maximum des Boden-Erwartungswerthes für $c = 8$, $v = 1,2$ und $p = 3$ mit 120,8532 Thlr. und für die 70jährige Umtriebszeit. Es ist alsdann die Rente des forstlichen Unternehmergewinns für die Fläche von 150 Hectaren

$$(120,8532 \times 150 - 15000)\, 0,03 = 94 \text{ Thlr.}$$

Unterstellen wir weiter, der jährliche Rauhertrag des fr. Grundstücks sei bei der landwirthschaftlichen Benutzung gleich 7000 Thlr., der jährliche Aufwand für Steuern, Versicherungsbeiträge, Ergänzung und Unterhaltung des Inventars, für Futter- und Düngmittel, Brennmaterial, Gesinde- und Taglohn, Gehalt eines Verwalters betrage 4400 Thlr., das Gebäudekapital 20000 Thlr. das Betriebskapital (Vieh, Geschirr, Geräthe, sowie das Kapital, welches zur Unterhaltung der Wirthschaft von deren Anfang bis zur Ernte erforderlich ist) 8000 Thlr.; der Aufwand für Urbarmachung des Bodens 12000 Thlr., so stellt sich der landwirthschaftliche Unternehmergewinn für die Fläche von 150 Hectaren auf

$$7000 - [4400 + (15000 + 20000 + 8000 + 12000)\, 0,03] = 950 \text{ Thlr.}$$

Da in dem vorliegenden Falle der Unternehmergewinn beim landwirthschaftlichen Betriebe grösser ist als bei dem forstwirthschaftlichen Betriebe, so empfiehlt sich hiernach die landwirthschaftliche Benutzung des Bodens.

2. Bildet man einerseits den Unterschied $\varDelta_1$ der Erträge, anderseits den Unterschied $\varDelta_2$ der Productionskosten, so gibt $\varDelta_1$ die Einnahme an, welche der etwaigen Vermehrung $\varDelta_2$ des Productionsaufwandes entspricht.

Beispiel. A. Für den aussetzenden Betrieb ist der jährliche Rauhertrag der Forstwirthschaft $= 170,0125 \times 150 \times 0,03 = 765,056$ Thlr. Da nun der jährliche Rauhertrag der Landwirthschaft, wie oben angegeben, 7000 Thlr. beträgt, so ist $\varDelta_1 = 7000 - 765,056 = 6234,944$ Thlr.

Der jährliche forstliche Productionsaufwand*) ist $= (V + C_u)\, o,op =$ $(9,1568 \times 150 + 40 \times 150)\, 0,03 = 221,206$ Thlr.**). Der landwirthschaftliche Productionsaufwand stellt sich jährlich auf $4400 + (20000 + 8000 + 12000)$ $0,03 = 5600$ Thlr. Es ist also $\varDelta_2 = 5600 - 221 = 5379$ Thlr.

B. Für den jährlichen Betrieb ist der forstliche Rauhertrag $= (A_u +$ $D_a + \ldots + D_q)\, \dfrac{150}{70} = 1076 . \dfrac{15}{7} = 2305,7$, also $\varDelta_1 = 7000 - 2305,7 =$

---

*) Da $B \cdot o,op$ bei der Subtraction verschwindet, so kann man diesen Ausdruck gleich von vornherein ausser Rechnung lassen.

**) Das Kulturkostenkapital 9,1568 wurde hier nach der Formel

$$c + \frac{c}{1,op^u - 1} \quad \text{berechnet.}$$

4694,3 Thlr.; der jährliche forstliche Productionsaufwand $= (uN \cdot o,op + uv + c)$

$\frac{150}{7} = (24340,3 \times 0,03 + 84 + 8) \frac{150}{70} = 1761,3$ Thlr. Da nun die landwirth-schaftlichen Productionskosten jährlich auf 5600 Thlr. sich belaufen, so ist $\varDelta_2 = 5600 - 1761,3 = 3838,7$ Thlr.

In beiden Fällen verdient somit die landwirthschaftliche Benutzung des Bodens den Vorzug. Der Unterschied des land- und forstwirthschaftlichen Unternehmergewinns stellt sich sowohl für den aussetzenden, als auch für den jährlichen Betrieb auf 856 Thlr.

II. Wahl der einträglichsten Benutzungsweise des Bodens nach Massgabe der Verzinsung des Productionskapitals.

1. Bei gleichen Productionskapitalien ist diejenige Benutzungs-weise des Bodens die einträglichere, für welche sich die grössere durchschnittlich-jährliche Verzinsung des Productionskapitals ergibt.

Um gleiche Productionskapitalien herzustellen, kann man (siehe S. 89) die Rente derselben, ausschliesslich der Bodenrente, in den Zähler des Bruches, durch welchen die Verzinsung sich aus-drückt, bringen; es bleibt dann im Nenner nur B stehen. Am einfachsten gestaltet sich, wie bereits unter I, 1 bemerkt wurde, die Rechnung für den Eigenthümer in dem Falle, wenn der Boden zur landwirthschaftlichen Benutzung verpachtet werden kann und weder Urbarmachung, noch Errichtung von Gebäuden erforderlich ist.

Beispiel. Für die forstliche Benutzung (mittelst Anbaues der Kiefer) berechnet sich das Prozent der durchschnittlich-jährlichen Verzinsung des Boden-Kostenwerthes nach der Formel

$$\mathfrak{p} = \frac{B_u}{B} \cdot p$$

auf $\frac{120,8532}{100} \cdot 3 = 3,626 \%$.

Nehmen wir an, die Fläche von 150 Hectaren sei zur landwirthschaft-lichen Benutzung um 800 Thlr. zu verpachten, so verzinst sich, wenn die von dem Eigenthümer zu entrichtende Grundsteuer 120 Thlr. beträgt, der Boden-Kostenwerth zu

$$\frac{(800 - 120)}{15000} \cdot 100 = 4,533 \%.$$

2. Bildet man einerseits die Differenz $\varDelta_3$ der Ertragsrenten, anderseits die Differenz $\varDelta_4$ der Productionskapitalien, so stellt $\frac{\varDelta_3}{\varDelta_4} \cdot 100$ das Prozent vor, zu welchem der zu Gunsten der einen oder der andern Benutzungsweise des Bodens aufgewendete Ueber-schuss an Productionskapital rentirt.

Beispiel. Behalten wir die Ansätze des Beispiels unter I, 1 bei, so finden wir für den jährlichen Betrieb

$J_3 = 7000 - 2305,7 = 4694,3$ Thlr.,

$$J_4 = \frac{4400}{0,03} + 20000 + 8000 + 12000 - \left(24340,3 + \frac{84}{0,03} + \frac{8}{0,03}\right)\frac{150}{70}$$

$$= 186667 - 58710 = 127957.$$

Es ist $\frac{J_3}{J_4} \cdot 100 = 3,7\ \%$; mithin wäre die landwirthschaftliche Benutzung des Bodens vortheilhafter als die forstwirthschaftliche.

IV. Titel.

Wahl der Betrieb'sart.

Die Wahl der Betriebsart wird statisch in derselben Weise
wie die Wahl der Holzart behandelt. Einige eigenthümliche Verhältnisse bietet der Niederwaldbetrieb dar, weil bei diesem der
Productionsfonds von der Bestandsbegründung an auch noch in
dem Werthe der dem Boden verbleibenden Stöcke besteht. In
welcher Weise dieser Posten bei der Rentabilitätsermittlung zu
verrechnen ist, wird aus dem folgenden Beispiele erhellen.

Beispiel. Vergleichung der Rentabilität eines Eichen-Hochwaldes mit
einem Eichen-Niederwalde (Schälwalde).

Wir haben hier zwei Fälle zu unterscheiden.

I. Sowohl der Eichen-Hochwald als der Eichen-Niederwald sollen
neu begründet werden.

Erträge des Eichen-Hochwaldes*).

Jahr.	Vornutzung.	Bleibender Bestand.	Haubarkeitsnutzung.
30	13,2	64,0	77,2
40	20,0	168,0	188,0
50	26,8	320,0	346,8
60	33,2	485,2	518,4
70	40,0	682,8	722,8
80	50,0	888,0	938,0
90	760,0**)	476,0	1236,0
100	—	768,0	768,0
110	—	1116,0	1116,0
120	—	1520,0	1520,0
130	—	1920,0	1920,0

Productionskosten des Eichen-Hochwaldes: jährlich 1,4 Thlr. für Verwaltung, Schutz und Steuern und zu Anfang jeder Umtriebszeit 12 Thlr. für
Kultur.

---

*) Nach Burckhardt's Hülfstafeln, S. 209.
**) Hiervon 60 Thlr. Durchforstungsertrag und 700 Thlr. Ertrag des Lich-
tungshiebes, bei welchem 0,6 der Masse des Hauptbestandes genutzt werden.
Burckhardt unterstellt (Hülfstafeln, S. 45), dass die Kosten des Unterbaues
gegen den Unterholzertrag sich compensiren.

Erträge des Eichen-Niederwaldes.

Am Ende der ersten, 24 Jahre umfassenden Umtriebszeit ein Haubarkeits-ertrag A_u von 134 Thlr. und im 18. Jahre ein Durchforstungsertrag D_a von 2,4 Thlr. In der zweiten und allen folgenden Umtriebszeiten, deren Dauer 15 Jahre beträgt, ein Abtriebsertrag $\mathfrak{A}u$ von 146 Thlrn. und jedesmal im 12. Jahre ein Durchforstungsertrag $\mathfrak{D}_a$ von 2 Thlr. Productionskosten: zu Anfang der ersten Umtriebszeit für künstliche Kultur $c = 17$ Thlr., zu Anfang jeder folgenden Umtriebszeit $k = 1{,}2$ Thlr. für Aufbesserung ausgehender Pflanzen und Stöcke; jährliche Kosten $\mathfrak{v}$ für Verwaltung, Schutz und Steuern in allen Umtriebszeiten 1,5 Thlr.

1. Unter Zugrundelegung von $p = 3$ fällt das Maximum des Boden-Er-wartungswerthes für den Eichen-Hochwald in das 110. Jahr und stellt sich auf 75,562 Thlr. Der Boden-Erwartungswerth' des Eichen-Niederwaldes drückt sich aus durch die Formel

$$\frac{A_u + D_a\,1{,}op^{u-a}}{1{,}op^u} - c + \left(\frac{\mathfrak{A}u + \mathfrak{D}_a\,1{,}op^{u-a} - k\cdot1{,}op^u}{1{,}op^u - 1}\right)\frac{1}{1{,}op^u} - \mathfrak{B}$$

und berechnet sich somit für unser Beispiel zu.

$$\frac{134}{1{,}03^{24}} + \frac{2{,}4}{1{,}03^{18}} - 17 + \left(\frac{146 + 2\cdot1{,}03^3 - 1{,}2^{15}}{1{,}03^{15} - 1}\right)\frac{1}{1{,}03^{24}} - 50 = 129{,}229 \text{ Thlr.}$$

Hiernach würde der Eichen-Niederwald den Vorzug verdienen.

2. Der Unterschied $\varDelta_1$ der Jetztwerthe der Erträge ist $= 197{,}875 - 134{,}712 = 63{,}163$; der Unterschied $\varDelta_2$ der Jetztwerthe der Productionskosten $= 17 + 1{,}647 + 50 - (12{,}483 + 46{,}667) = 68{,}647 - 59{,}150 = 9{,}497$. Also ergibt sich ein Ertragsüberschuss für den Niederwald.

3. Nehmen wir den Boden-Kostenwerth zu 70 Thlr. an, so verzinst sich derselbe für den Hochwald zu

$$\left(\frac{134{,}712 - (12{,}483 + 46{,}667)}{70}\right)3 = 3{,}24 \%;$$

für den Niederwald zu

$$\left(\frac{65{,}9146 + 1{,}4098 + 130{,}5510 - (17 + 1{,}647 + 50)}{70}\right)3 = 5{,}54 \%.$$

4. Die Differenz $\varDelta_4$ der Productionskapitalien verzinst sich durch die Differenz $\varDelta_3$ der Ertragsrenten zu

$$\frac{63{,}168}{9{,}497} \cdot 3 = 20 \%.$$

II. Der Eichen-Hochwald soll neu begründet werden; die Stöcke des Eichen-Niederwaldes sind bereits vorhanden.

1. Bezeichnen wir das Maximum des Boden-Erwartungswerthes des Eichen-Hochwaldes mit B_u, den Werth der Stöcke mit W, so ist für den Zustand des wirthschaftlichen Gleichgewichtes

$$B_u + W = \frac{\mathfrak{A}u + \mathfrak{D}_a\,1{,}op^{u-a}}{1{,}op^u - 1} - \left(\mathfrak{B} + \frac{k\cdot1{,}op^u}{1{,}op^u - 1}\right).$$

Der Werth W der Stöcke ist für die Zwecke der Rentabilitätsberechnung eines bereits vorhandenen Niederwaldes stets als erntekostenfreier Verbrauchs-werth zu veranschlagen, weil W in dem Falle, dass man den Niederwald-betrieb aufgibt, flüssig gemacht und zinsentragend angelegt werden kann.

Behalten wir die unter I. angegebenen Zahlen bei und setzen wir $W = 60$, so ist

$$B_u + W = 75,562 + 60 = 135,562;$$

$$\frac{\mathfrak{A}_u + \mathfrak{D}_a\,1,op^{u-a}}{1,op^u - 1} - \left(\frac{\mathfrak{B} + k\cdot 1,op^u}{1,op^u - 1}\right) = \left(\frac{146 + 2\cdot 1,03^3}{1,03^{15} - 1}\right) -$$

$$\left(50 + \frac{1,2\cdot 1,03^{15}}{1,03^{15} - 1}\right) = 265,430 - 53,349 = 212,081.$$

Es ist also vortheilhaft, den vorhandenen Niederwald beizubehalten.

2. Der Unterschied $\varDelta_1$ der Jetztwerthe der Erträge ist $265,430 - 134,712 = 130,718$; der Unterschied $\varDelta_2$ der Productionskapitalien $= 60 + 53,349 - (46,667 + 12,483) = 54,199$. Mithin bleibt zu Gunsten des Niederwaldes ein Ertragsüberschuss.

3. Nehmen wir den Boden-Kostenwerth zu 70 Thlr. an, so verzinst sich derselbe (nach I, 3) für den Hochwald zu 3,24 %, für den Niederwald zu

$$\left(\frac{265,430 - (53,349 + 60)}{70}\right)3 = 6,52\;\%.$$

4. Die Differenz $\varDelta_4$ der Productionskapitalien verzinst sich durch die Differenz $\varDelta_3$ der Ertragsrenten zu

$$\frac{130,718}{54,199}\cdot 3 = 7,23\;\%.$$

Die Rentabilität eines neu anzulegenden und eines bereits vorhandenen (d. h. mit Stöcken versehenen) Niederwaldes kann sehr verschieden sein. Es wird sich unter Umständen als unvortheilhaft herausstellen, einen Niederwald neu zu begründen, aber vortheilhaft sein, einen vorhandenen Niederwald als solchen zu erhalten, und umgekehrt. Der Grund dieser Verschiedenheit liegt darin, dass der Kostenwerth der Stöcke nicht immer gleich dem Verbrauchswerthe derselben ist. Derjenige, welcher einen Niederwald auf einer Blösse erzieht, hat den vollen Kostenwerth der Stöcke zu bezahlen; wer aber einen Niederwald besitzt und prüfen will, ob der Boden desselben nicht vortheilhafter einer anderen Benutzungsweise zu widmen sei, hat den Werth der Stöcke stets als erntekostenfreien Verbrauchswerth in Rechnung zu nehmen, weil er, wenn er den Niederwaldbetrieb aufgibt, die Stöcke nur zu diesem Werthbetrage veräussern kann.

Das Beispiel des Niederwaldbetriebes ist lehrreich in Bezug auf die Beurtheilung der Rolle, welche die fixen und umlaufenden Kapitalien bei der Rentabilitätsberechnung spielen. Wie wir früher (S. 86) sahen, ist es fehlerhaft, bei der Bestimmung der vortheilhaftesten Umtriebszeit den normalen Vorrath einer Betriebsklasse nach seinem Verbrauchswerthe zu veranschlagen, weil nach dem Abtriebe der vorhandenen Bestände neue begründet werden müssen, deren Werth nur nach Massgabe des stattgehabten Erzeugungsaufwandes in die Rechnung eingeführt werden kann. Die Stöcke des Niederwaldes dagegen unterliegen während vieler Umtriebszeiten nicht der Nutzung, sie verbleiben dem Boden längere Zeit; ihr Werth kann daher, so lange keine Erneuerung derselben stattgefunden hat, nur nach dem Verbrauchswerthe bemessen werden.

Die Rentabilität eines Niederwaldes ändert sich fortwährend mit dem Werthe der Stöcke, weil diese selbst (in positivem oder negativem Sinne) zuwachsen. Es kann ein Zeitpunkt eintreten, in welchem es sich verlohnt, die Stöcke zu roden und einen neuen Niederwald anzulegen.

Die Rentabilitätsvergleichung zwischen Hoch- und Niederwald lässt sich noch unter manchen anderen Voraussetzungen behandeln. Man kann z. B. unterstellen, dass die Ausschläge der Niederwaldstöcke zur Begründung des Hochwaldes benutzt werden etc.

Der Werth, welchen die Stöcke durch ihre Eigenschaft, mittelst der Ausschläge einen Holzbestand zu erzeugen, besitzen, kommt vornehmlich dann in Betracht, wenn die Frage vorliegt, ob es vortheilhafter sei, einen Niederwald auf kahler Fläche zu begründen, oder einen vorhandenen Niederwald zu kaufen. Man findet diesen Werth der Stöcke in dem Unterschiede zwischen dem Erwartungswerthe eines mit Stöcken versehenen Niederwaldes und dem Boden-Erwartungswerthe eines neu anzulegenden Niederwaldes. Mit Beibehaltung der unter I. gewählten Bezeichnungen drückt sich der Werth der Stöcke durch die Differenz

$$\frac{\mathfrak{A}u + \mathfrak{D}a\,1,op^{u-a}}{1,op^u - 1} - \left(\mathfrak{B} + \frac{k\cdot 1,op^u}{1,op^u - 1}\right) - \left[\frac{A_u + D_a\,1,op^{u-a}}{1,op^u} - c + \left(\frac{\mathfrak{A}u + \mathfrak{D}a\,1,op^{u-a} - k\cdot 1,op^u}{1,op^u - 1}\right)\frac{1}{1,op^u} - \mathfrak{B}\right]^{*)}$$

aus. Führen wir in diese Formel die bisher angewendeten Zahlen ein, so erhalten wir 212,081 — 129,229 = 82,852. Man könnte also unter den angegebenen Verhältnissen für einen mit Stöcken versehenen Boden, vorausgesetzt, dass die Stöcke nicht gerodet, sondern zum Niederwald benutzt werden sollen, 82,852 Thlr. mehr zahlen, als für einen nackten Boden von derselben Bonität.

Nimmt man an, dass die erste Umtriebszeit des neu zu begründenden Niederwaldes von den folgenden in Bezug auf ihre Länge und die Grösse der Erträge nicht verschieden sei, so findet man aus der obigen Formel nach einigen Reductionen den Werth der Stöcke = c—k = 17,0—1,2 = 15,8 Thlr.

V. Titel.

Wahl der Bestandsbegründungs-Art.

Der Vortheil, welchen eine Bestandsbegründungs-Art vor einer andern zu bieten vermag, besteht

1. entweder darin, dass sie bei den nämlichen Abtriebszeiten grössere Erträge liefert, bezw. die nämlichen oder grössere Erträge bei kürzeren Abtriebszeiten gewährt, oder
2. dass sie einen geringeren Kulturkostenaufwand erfordert.

Die unter 1. aufgeführten Vortheile werden indessen häufig nur durch einen grösseren Kulturkostenaufwand zu erkaufen sein. Die Statik hat zu bestimmen, ob der erwartete Vortheil die Kosten lohnt.

---

*) Wäre eine Nutzung von Stöcken (s. o.) vorauszusehen, so müsste der Werth derselben in Zugang, dagegen aber auch der Kostenaufwand für Neubegründung des Niederwaldes in Abzug gebracht werden.

I. Wahl der Bestandsbegründungs-Art nach der Methode des Unternehmergewinns.

1. Nennen wir A_u, D_a .... D_q, c die Erträge und Kultur-kosten des einen, $\mathfrak{A}_u$, $\mathfrak{D}_a$ ... $\mathfrak{D}_q$, c die Erträge und Kulturkosten des andern Verfahrens, so ist mit Vernachlässigung des Boden-werthes und unter der Voraussetzung, dass die jährlichen Kosten in beiden Fällen gleich gross sind*), der Vorwerth des Unter-schiedes der Erträge und der Productionskosten für die eine Bestandsbegründungs-Art

$$\frac{A_u + D_a\,1,op^{u-a} + \ldots + D_q\,1,op^{u-q}}{1,op^u - 1} - \frac{c \cdot 1,op^u}{1,op^u - 1} \quad \ldots \ldots (\dagger$$

und für die andere Bestandsbegründungs-Art

$$\frac{\mathfrak{A}_u + \mathfrak{D}_a\,1,op^{u-a} + \ldots + \mathfrak{D}_q\,1,op^{u-q}}{1,op^u - 1} - \frac{c \cdot 1,op^u}{1,op^u - 1} \quad \ldots \ldots (\dagger\dagger$$

Die jährliche Rente, bezw. den m jährigen Nachwerth erhält man, wenn man den Vorwerth mit o, op, bezw. $(1, op^m - 1)$ multiplizirt.

Bei der Bildung der vorstehenden beiden Ausdrücke hat man für jeden diejenige Umtriebszeit zu Grunde zu legen, welche ein Maximum des Unternehmergewinns liefert. Diese Umtriebszeit ist diejenige, für welche der Boden-Erwartungswerth kulminirt; denn fügen wir in den beiden Formeln das Kapital der jährlichen Kosten ein, so stellen dieselben den Boden-Erwartungswerth vor.

Ist ($\dagger$ grösser als ($\dagger\dagger$, so wird diejenige Bestandsbegründungs-Art zu wählen sein, bei welcher der ursprüngliche Kulturkosten-aufwand c Thlr. beträgt, im entgegengesetzten Falle die andere Kulturmethode.

Beispiel. Ein Kiefernbestand liefere

			in den Jahren					
		20	30	40	50	60	70	80	90
				an Vornutzungen					
bei künstlicher Verjüngung		4,0	14,0	19,2	22,4	26,4	30,0	29,6	28,8 Thlr.
				an Haubarkeitsnutzungen					
		36,0	100,8	222,0	422,4	687,6	990,0	1202,8	1404,8 „
				an Vornutzungen					
bei natürlicher Verjüngung		—	4,0	14,0	19,2	22,4	26,4	30,0	29,6 „
				an Haubarkeitsnutzungen					
		—	36,0	100,8	222,0	422,4	687,6	990,0	1202,8 „

---

*) Wären die jährlichen Kosten für die beiden Bestandsbegründungs-Arten verschieden, so kann man dieselben zum Zwecke der Rentabilitätsberechnung für die Verfahren unter I. und II. entweder von den Rauherträgen in Abzug

Der Kulturkostenaufwand c bei der künstlichen Verjüngung betrage 8 Thlr., zur Unterstützung der natürlichen Verjüngung seien 2 Thlr. erforderlich, also $c = 2.$ Thlr. Zinsfuss $= 3\%$. Welche Bestandsbegründungs-Art ist vorzuziehen?

Die Rechnung ergibt, dass bei der künstlichen Bestandsbegründung die 70jährige, bei der natürlichen Bestandsbegründung die 80jährige Umtriebszeit das Maximum des Boden-Erwartungswerthes liefert.

Der Unterschied der Jetztwerthe der Erträge und Kulturkosten bei der künstlichen Verjüngung ist

$$\frac{990+4\cdot1{,}03^{50}+14\cdot1{,}03^{40}+19{,}2\cdot1{,}03^{30}+22{,}4\cdot1{,}03^{20}+26{,}4\cdot1{,}03^{10}}{1{,}03^{70}-1} - \frac{8\cdot1{,}03^{70}}{1{,}03^{70}-1}$$

$$= 170{,}0125 - 9{,}1593 = 160{,}8532.$$

Der Unterschied der Jetztwerthe der Erträge und der Culturkosten bei der natürlichen Verjüngung ist

$$\frac{990+4\cdot1{,}03^{50}+14\cdot1{,}03^{40}+19{,}2\cdot1{,}03^{30}+22{,}4\cdot1{,}03^{20}+26{,}4\cdot1{,}03^{10}}{1{,}03^{80}-1} - \frac{2\cdot1{,}03^{80}}{1{,}03^{80}-1}$$

$$= 121{,}9246 - 2{,}2069 = 119{,}7177.$$

Hiernach würde die künstliche Bestandsbegründung den Vorzug verdienen.

2. Der Unterschied $\varDelta_1$ der Erträge ist im Vorwerthe

$$\frac{A_u + D_a\,1{,}op^{u-a} + \ldots + D_q\,1{,}op^{u-q}}{1{,}op^u - 1} - \frac{\mathfrak{A}u + \mathfrak{D}_a\,1{,}op^{u-a} + \ldots + \mathfrak{D}_q\,1{,}op^{u-q}}{1{,}op^u - 1},$$

der Unterschied $\varDelta_2$ der Kulturkostenaufwände, ebenfalls im Vorwerthe,

$$\frac{c\cdot1{,}op^u}{1{,}op^u - 1} - \frac{c\cdot1{,}op^u}{1{,}op^u - 1}.$$

Diese Ausdrücke wären für die jährliche Rente noch mit $0{,}op$, für den Nachwerth im Jahre m mit $(1{,}op^m - 1)$ zu multipliziren. Ist $\varDelta_1$ grösser als $\varDelta_2$, so empfiehlt es sich, $\varDelta_2$ zu verausgaben*).

Beispiel. Für die Positionen des vorigen Beispiels und die Methode der Vorwerthe ist

$$\varDelta_1 = 170{,}0125 - 121{,}9246 = 48{,}0879,$$
$$\varDelta_2 = 9{,}1593 - 2{,}2069 = 6{,}9524.$$

Die künstliche Kultur ergibt somit einen reinen Ueberschuss von 41,1355 Thlr. (im Vorwerthe).

II. Wahl der Bestandsbegründungs-Art nach Massgabe der Verzinsung des Productionsaufwandes.

Die Differenz $\varDelta_3$ der Ertragsrenten ist

$$\left(\frac{A_u + D_a\,1{,}op^{u-a} + \ldots + D_q\,1{,}op^{u-q}}{1{,}op^u - 1} - \frac{\mathfrak{A}u + \mathfrak{D}_a\,1{,}op^{u-a} + \ldots + \mathfrak{D}_q\,1{,}op^{u-q}}{1{,}op^u - 1}\right) 0{,}op$$

bringen, oder sie den Kulturkosten zuschlagen. In letzterem Falle würde sich dann die Rentabilitätsermittlung auf das vereinigte Kapital der Kultur- und jährlichen Kosten beziehen.

*) Siehe übrigens auch die Note **) auf Seite 16.

Die Differenz $\varDelta_4$ der Productionskapitalien ist

$$\frac{c \cdot 1,op^u}{1,op^u - 1} - \frac{c \cdot 1,op^u}{1,op^u - 1}$$

Erreicht $\dfrac{\varDelta_3}{\varDelta_4} \cdot 100$ das geforderte Prozent, so empfiehlt es sich, $\varDelta_4$ zu verausgaben.

Beispiel. Behält man die Positionen des Beispiels unter I. bei, so ist

$$\frac{\varDelta_3}{\varDelta_4} \cdot 100 \;=\; \left(\frac{170,0125 - 121,9246}{9,1593 - 2,2069}\right) 3 = 20,8 \;\%.$$

Da das geforderte Prozent 3 ist, so wird in dem vorliegenden Falle die künstliche Bestandsbegründung der natürlichen vorzuziehen sein.

VI. Titel.

Bestimmung der vortheilhaftesten Bestandsdichte.

Bezeichnen wir die Stammzahl einer Fläche mit a und den von einem Stamme zu erwartenden reinen Ertrag summarisch mit c, so stellt $c \cdot a$ den Gesammt-Reinertrag dieser Fläche vor. Beobachtungen haben ergeben, dass innerhalb gewisser Grenzen c eine Function von a ist. Die Aufgabe der Statik geht dahin, zu ermitteln, wie diese Function beschaffen sein muss, wenn der Reinertrag einer Fläche ein Maximum sein soll. Zu diesem Zwecke hat man nicht blos die Abhängigkeit des Bestandswerthszuwachses von der Bestandsdichte zu untersuchen, sondern auch das Rechnungsverfahren festzustellen, mittelst dessen die bei verschiedenen Functionen sich ergebenden Reinerträge zu vergleichen sind.

Wir werden uns hier nur mit dem zweiten Theile dieser Aufgabe beschäftigen; der erste fällt der II. Abtheilung der forstlichen Statik zu.

Unterstellt man, was für Rentabilitätsrechnungen immer das Einfachste ist, den aussetzenden Betrieb, so werden die Productionskapitalien bei verschiedenen Graden der Bestandsdichte entweder gar nicht oder doch nicht wesentlich differiren. Es soll daher in Nachstehendem von den Vergleichungsverfahren B (Seite 16 und 19) kein Gebrauch gemacht werden. Auch die Methode der durchschnittlich-jährlichen Verzinsung werden wir hier nicht anwenden, weil wir voraussetzen dürfen, dass der Leser an den Beispielen der vorhergehenden Titel sich bereits hinreichende Uebung in dieser Rechnungsweise erworben hat. Dafür wollen wir die Methode der laufend-jährlichen Verzinsung, welche bei der Bestimmung der vortheilhaftesten Bestandsdichte besondere Vorzüge bietet, um so eingehender behandeln.

I. Methode des Unternehmergewinns.

Da die Prüfung der vortheilhaftesten Stammentfernung für den nämlichen Standort vorgenommen wird, so kann der Bodenwerth im Productionsfonds vernachlässigt werden. Uebt, wie dies häufig der Fall sein wird, das Mass der Bestockung keinen Einfluss auf die Grösse der jährlichen Kosten aus, so können auch diese ausser Rechnung bleiben. Ebenso der Kulturkostenaufwand, wenn derselbe bei den zu vergleichenden Beständen nicht verschieden ist; er kann also z. B. dann übergangen werden, wenn die Aenderung in der Stammzahl des einen oder des anderen Bestandes erst nach dem Vollzuge der Kultur eintritt und die beiden Bestände mit der nämlichen Umtriebszeit behandelt werden.

Das grösste Einkommen ergibt sich bei demjenigen Abstand der Stämme, für welchen der Unterschied zwischen dem Ertrag und dem Productionsaufwand am grössten ist.

Nehmen wir an, ein mit c Thalern Kulturkosten begründeter Bestand liefere die Erträge

	D_a	D_b	D_q	A_u	
o	a	b	q	u	
	D_a	$\mathfrak{D}_b$	$\mathfrak{D}_q$	$\mathfrak{A}_u$	
o	a	$\mathfrak{b}$	q	$\mathfrak{u}$	

D_a, D_b .... D_q, A_u; dagegen, wenn die Durchforstung D_b im Alter b nicht eingelegt wird, die Erträge D_a, $\mathfrak{D}_b$ .... $\mathfrak{D}_q$, $\mathfrak{A}_u$; unterstellen wir weiter, die jährlichen Kosten seien für die eine Bestandsbehandlungsweise $= v$, für die andere $= \mathfrak{v}$, so ist der Unterschied der Vorwerthe der Erträge und Productionskosten in dem einen Falle

$$\frac{A_u + D_a\,1{,}0p^{u-a} + D_b\,1{,}0p^{u-b} + \ldots + D_q\,1{,}0p^{u-q}}{1{,}0p^u - 1} - (V + C_u), \quad \cdots (*$$

im anderen Falle

$$\frac{\mathfrak{A}_u + D_a\,1{,}0p^{u-a} + \mathfrak{D}_b\,1{,}0p^{u-b} + \ldots + \mathfrak{D}_q\,1{,}0p^{u-q}}{1{,}0p^u - 1} - (\mathfrak{V} + C_u) \cdots (**$$

Für den Zustand des wirthschaftlichen Gleichgewichtes müsste (* gleich (** sein.

Leitet man $\mathfrak{D}_b$ aus der vorstehenden Gleichung her und setzt man $\mathfrak{D}_b = D_b \cdot 1{,}0p_2^{\,b-b}$, so würde es eben so vortheilhaft sein, die Stammklasse D_b im Jahre b auszuforsten, als $\mathfrak{D}_b$ im Jahre $\mathfrak{b}$ zu nutzen, wenn

$$D_b\,1,op_2^{\,b-b} = \left[\frac{A_u + D_a\,1,op^{u-a} + \ldots + D_q\,1,op^{u-q}}{1,\,op^u - 1}\,\cdot\right.$$

$$\left(\frac{\mathfrak{A}_u + D_a\,1,op^{u-a} + \ldots + \mathfrak{D}_q\,1,op^{u-q}}{1,\,op^u - 1}\right) + \mathfrak{B} + C_u - V - C_u\right]$$

$$\left(\frac{1,op^u - 1}{1,op^{u-b}}\right) + \left(\frac{D_b\,1,op^{u-b}}{1,op^u - 1}\right)\left(\frac{1,op^u - 1}{1,op^{u-b}}\right)$$

wäre. Für $u = \mathfrak{u}$, $v = \mathfrak{v}$ und $\mathfrak{b} - b = 1$ erhielte man

$$D_b\,1,op_2 =$$

$$\frac{A_u + D_a\,1,op^{u-a} + \ldots + D_q\,1,op^{u-q} - (\mathfrak{A}_u + D_a\,1,op^{u-a} + \mathfrak{D}_q\,1,op^{u-q})}{1,\,op^{u-(b+1)}} +$$

$$D_b \cdot 1,op.$$

Zieht man auf beiden Seiten der Gleichung D_b ab, so ergibt sich:

$$D_b \cdot o,op_2 = \frac{A_u - \mathfrak{A}_u + \ldots + D_q\,1,op^{u-q} - \mathfrak{D}_q\,1,op^{u-q}}{1,\,op^{u-(b+1)}} + D_b \cdot o,op.$$

D. h. soll eine Stammklasse D_b noch ein Jahr lang auf dem Stocke erhalten werden, so muss unter den angegebenen Verhältnissen der laufend-jährliche Werthszuwachs $D_b \cdot o,op_2$ dieser Klasse nicht blos den Stammklassenwerth D_b zu dem angenommenen Wirthschafts-prozente p verzinsen, sondern auch noch die auf das Jahr $b + 1$ diskontirte Werthssteigerung in sich schliessen, welche die Erträge des Bestandes bis zum Jahre u für den Fall erfahren haben würden, dass man die Stammklasse D_b im Jahre b ausgeforstet hätte.

Angenommen, der Aushieb einer Stammklasse bewirke gar keine Steigerung des Zuwachses vom bleibenden Bestande, so müsste diese Klasse nur dann entfernt werden, wenn ihr laufend-jähr-licher Werthszuwachs $D_b \cdot o,op_2$ den Stammklassenwerth D_b nicht mehr zu dem Wirthschaftsprozent p verzinsen würde, wenn also $D_b \cdot o,op_2 < D_b \cdot o,op$ wäre. Denn die Unterstellung des Wirth-schaftszinsfusses p schliesst die Voraussetzung in sich, dass es möglich sei, jeden dem Walde entnommenen Werthsposten ander-weitig zu $p\,\%$ verzinslich anzulegen.

Beispiel 1. Vergleichung der Rentabilität des gewöhnlichen Buchen-hochwaldbetriebs mit dem „modifizirten" Betriebe.

Ein Buchenhochwald liefere bei dem gewöhnlichen Betriebe und bei 120jähriger Umtriebszeit folgende Erträge[*]):

---

*) Ertragsangaben nach Burckhardt's „Waldwerth", S. 137. Bei dem modifizirten Betriebe wird im 80. Jahre mittelst des „Lichtungshiebes" 0,6 der Masse des derzeitigen Hauptbestandes genutzt. Der Abtriebsertrag wurde nach Rundspaden (Baur's Monatsschrift, 1867, S. 386) von 784 Thlr. (An-gabe Burckhardt's) auf 653 Thlr. ermässigt.

im Jahre

	30	40	50	60	70	80	90	100	110	120
Vornutzungen Thlr.	3,2	8,0	12,1	13,9	14,4	15,2	14,7	15,4	14,7	—
Abtriebsertrag Thlr.	—	—	—	—	—	—	—	—	—	784

bei dem modifizirten Betriebe und der nämlichen Umtriebszeit:

	30	40	50	60	70	80	90	100	110	120
Vornutzungen Thlr.	3,2	8,0	12,1	13,9	14,4	288,0	—	—	—	—
Abtriebsertrag Thlr.	—	—	—	—	—	—	—	—	—	653

Die Kulturkosten und die jährlichen Kosten werden in beiden Fällen als gleich gross angenommen; auch wird vorausgesetzt, dass die im 80. Jahre stattfindende Verjüngung, bezw. Herstellung eines Bodenschutzholzes kostenlos erfolge oder durch den Ertrag des Unterholzes gedeckt werde. Das geforderte Prozent p sei $= 3$.

Da die Umtriebszeit für beide Betriebsweisen die nämliche ist, so gestaltet sich die Rechnung am einfachsten, wenn man sie nach der Methode der Nachwerthe (s. S. 12) führt. —

Der auf das Ende der Umtriebszeit bezogene Nachwerth aller Erträge des gewöhnlichen Buchenhochwaldes ist

$$784 + 3{,}2 \cdot 1{,}03^{90} + 8{,}0 \cdot 1{,}03^{80} + 12{,}1 \cdot 1{,}03^{70} + 13{,}9 \cdot 1{,}03^{60} + 14{,}4 \cdot 1{,}03^{50}$$
$$+ 15{,}2 \cdot 1{,}03^{40} + 14{,}7 \cdot 1{,}03^{30} + 15{,}4 \cdot 1{,}03^{20} + 14{,}7 \cdot 1{,}03^{10} = 1288{,}55 \text{ Thlr.}$$

Der Nachwerth aller Erträge des modifizirten Buchenhochwaldes ist

$$653 + 3{,}2 \cdot 1{,}03^{90} + 8{,}0 \cdot 1{,}03^{80} + 12{,}1 \cdot 1{,}03^{70} + 13{,}9 \cdot 1{,}03^{60} + 14{,}4 \cdot 1{,}03^{50}$$
$$+ 288{,}0 \cdot 1{,}03^{40} = 1964{,}17 \text{ Thlr.}$$

Demnach wäre der modifizirte Betrieb der einträglichere.

Beispiel 2. Ein mit einem Kulturkostenaufwande von 12 Thalern begründeter Bestand liefere, wenn die Durchforstungen eingelegt werden

	im	30	40	50	Jahre,
Vornutzungen im Betrage von		3,4	9,0	13,6	Thlr.

und im 60. Jahre, für welches das Maximum des Boden-Erwartungswerthes sich berechnet, einen Haubarkeitsertrag von 350 Thlr.; dagegen, wenn die Durchforstungen stattfinden

	im	30	43	53	Jahre
Vornutzungen im Betrage von		3,4	10,0	13,9	Thlr.,

und im 62. Jahre, für welches hier das Maximum des Boden-Erwartungswerthes eintritt, einen Haubarkeitsertrag von 340 Thlr. Welche Durchforstungsweise ist für $p = 3$ die einträglichere?

Der Jetztwerth der Erträge abzüglich der Productionskosten (hier blos der Kulturkosten) bei der ersten Durchforstungsweise ist

$$\frac{350 + 3{,}4 \cdot 1{,}03^{30} + 9{,}0 \cdot 1{,}03^{20} + 13{,}6 \cdot 1{,}03^{10}}{1{,}03^{60} - 1} - \frac{12 \cdot 1{,}03^{60}}{1{,}03^{60} - 1} = 80{,}29 - 14{,}45 = 65{,}84;$$

bei der anderen Durchforstungsweise

$$\frac{340 + 3{,}4 \cdot 1{,}03^{32} + 10{,}0 \cdot 1{,}03^{19} + 13{,}9 \cdot 1{,}03^{9}}{1{,}03^{62} - 1} - \frac{12 \cdot 1{,}03^{62}}{1{,}03^{62} - 1} = 73{,}23 - 14{,}29 = 58{,}94$$

Die erste Durchforstungsweise ist also im Ganzen einträglicher als die zweite.

Die Vornahme einer Durchforstung im 43. anstatt im 40. Jahre wäre in dem vorliegenden Falle an und für sich vortheilhaft, weil $9{,}0 \cdot 1{,}03^3$ nur $= 9{,}83$ ist, während bei der Durchforstung im 43. Jahre $10{,}0 \cdot$ Thlr. erfolgen; die Durchforstung im ,53. anstatt im 50. Jahre wäre unvortheilhaft, weil $13{,}6 \cdot 1{,}03^3 = 14{,}86$ ist, während die Durchforstung im 53. Jahre nur 13,9 ergibt. Indessen müsste auch noch untersucht werden, ob das Verschieben der Durchforstung von dem 40. auf das 43. Jahr keinen nachtheiligen Einfluss auf die Erträge des dominirenden Bestandes ausübt. Ein weiteres Verfahren, nach welchem diese Untersuchung geführt wird, soll unter II. gelehrt werden.

II. Bestimmung der vortheilhaftesten Bestandsdichte nach der Verzinsung des Productionsaufwandes.

Nach dem oben Bemerkten soll hier nur gelehrt werden, wie man die Methode der laufend-jährlichen Verzinsung für den vorliegenden Zweck anwendet.

Ist die Werthssteigerung, welche der Aushieb einer Stammklasse (oder auch eines einzelnen Stammes) bei dem auf der Fläche zurückbleibenden Bestande hervorbringt, nicht für die Dauer der ganzen Umtriebszeit, sondern nur für einen kürzeren Zeitraum bekannt, so lässt sich die etwaige Reife dieser Klasse dennoch bis zu einem gewissen Masse beurtheilen, wenn man die Verzinsung des ihr zur Last fallenden Productionsfonds ermittelt. Da die Theorie der laufend-jährlichen Verzinsung für ganze Bestände bereits Seite 33 abgehandelt worden ist, so erübrigt jetzt nur, die Anwendung derselben für einzelne Theile eines Bestandes zu zeigen.

Der Productionsfonds einer Stammklasse besteht zunächst aus dem eigenen Werthe D_m dieser Klasse, dann aber aus demjenigen Theile von $(B + V)$, welchen die Klasse dadurch in Anspruch nimmt, dass sie den Rest des Bestandes — Pressler's „Hauptbestand" — hindert, einen grösseren Zuwachs anzulegen. Es sei jener Theil $= x(B + V)$, so drückt sich das Prozent der laufend-jährlichen Verzinsung des Productionsfonds nach Seite 35 durch die Formel

$$p_1 = \frac{(D_{m+1} - D_m)\,100}{D_m + x(B + V)}$$

aus. Zur Ermittlung von x führt nach Pressler*) folgende Betrachtung. Offenbar hat der Zuwachs $A_{m+1} - A_m$ des durchforsteten Hauptbestandes ausser A_m auch noch $(B + V)$ zu verzinsen. Gesetzt aber, der Hauptbestand erlange, wenn der Aushieb von D_m unterlassen wird, nur den Verbrauchswerth $\mathfrak{A}_{m+1}$, es erfolge also

---

*) Das Gesetz der Stammbildung, 1865, S. 56.

ein Zuwachsausfall im Betrage von $A_{m+1}-A_m - (\mathfrak{A}_{m+1}-A_m) = A_{m+1}-\mathfrak{A}_{m+1}$, so wird $D_{m+1}-D_m$ die Zinsvergütung für den entsprechenden (xten) Theil von $(B+V)$ zu leisten haben. Wir finden x aus der Proportion

$$A_{m+1}-A_m : A_{m+1}-\mathfrak{A}_{m+1} = (B+V) : x(B+V);$$

hieraus folgt

$$x = \frac{A_{m+1}-\mathfrak{A}_{m+1}}{A_{m+1}-A_m}.$$

Es ist somit

$$p_1 = \frac{(D_{m+1}-D_m)\,100}{D_m + (B+V)\left(\frac{A_{m+1}-\mathfrak{A}_{m+1}}{A_{m+1}-A_m}\right)}.$$

Verlangt nun der Waldbesitzer eine $p$prozentige Verzinsung der Kapitalien, mit welchen er die Wirthschaft betreibt, so muss D_m dann ausgeforstet werden, wenn das nach vorstehender Formel ermittelte Verzinsungsprozent p_1 das Wirthschaftsprozent nicht erreicht.

Für $x = 0$ ist

$$p_1 = \frac{(D_{m+1}-D_m)\,100}{D_m},$$

d. h. es hat der Werthszuwachs $D_{m+1}-D_m$ in diesem Falle nur den Werth D_m der betr. Stammklasse zu verzinsen. Dieses Resultat wurde bereits unter I. auf einem anderen Wege erlangt.

Setzt man $D_{m+1}-D_m = D_m \cdot o, op_2$, $\mathfrak{A}_{m+1}-A_m = A_m \cdot o, op_3$ $A_{m+1}-A_m = A_m \cdot o, op_4$, so ist $A_{m+1}-\mathfrak{A}_{m+1} = A_m\,(o,op_4 - o,op_3)$ und es verwandelt sich die Formel

$$p_1 = \frac{(D_{m+1}-D_m)\,100}{D_m + (B+V)\left(\frac{A_{m+1}-\mathfrak{A}_{m+1}}{A_{m+1}-A_m}\right)}$$

in den Ausdruck

$$p_1 = \frac{D_m \cdot o, op_2 \cdot 100}{D_m + (B+V)\left(\frac{p_1-p_3}{p_4}\right)}.$$

Um zufällige Abnormitäten des Zuwachses, wie solche z. B. durch Witterung, Insectenfrass etc. hervorgerufen werden können, auszuschliessen, empfiehlt es sich, statt $D_{m+1}-D_m$ den Durchschnitt aus mehreren Jahreszuwachsen zu nehmen. Liegt Veranlassung vor, diesen Durchschnitt aus einer grösseren Zahl von Jahren abzuleiten, so hat man hierzu die in Note 3 angegebene Formel zu benutzen.

Beispiel. Ein Holzbestand besitze dermalen einen Verbrauchswerth A_m von 510 Thlr., welcher sich, bei ungestörtem Fortwachsen des Bestandes, im nächsten Jahre voraussichtlich um 3,1 % erhöhen wird. Es fragt sich, ob es räthlich sei, die Stammklasse D_m im Werthe von 10 Thlrn., welche im Laufe eines Jahres um 5 % zuwachsen würde, auszuforsten, wenn angenommen werden könnte, dass der Werth des Hauptbestandes A_m nach dem Aushiebe von D_m sich um 3,6 % heben wird. $B + V$ sei = 100 Thlr., $p = 3$.

Für die eben angegebenen Zahlenwerthe ist $p_2 = 5$, $p_3 = 3,1$, $p_4 = 3,6$ und

$$p_1 = \frac{10 \cdot 0,05 \cdot 100}{10 + 100 \left(\dfrac{3,6 - 3,1}{3,6} \right)} = 2,09 \text{ %}.$$

Hiernach stellt sich der Aushieb von D_m ungeachtet dessen, dass D_m selbst noch einen Zuwachs von 5 % hat, als vortheilhaft dar.

Die Angabe der Verfahren und Werkzeuge, welche zur Ermittlung des Zuwachses am Haupt- und Nebenbestande anzuwenden sind, gehört nicht hierher, sondern in die II. Abtheilung dieser Schrift.

Noten.

Note 1 zu Seite 17.

Darstellung der Formel für die laufend-jährliche Ver-zinsung unter der Voraussetzung, dass man in den Pro-ductionsfonds statt c das Kulturkostenkapital aufnimmt.

Man kann in den Productionsfonds vom Jahre 0 auch das Kulturkostenkapital anstatt c einsetzen, muss aber dann auch im Zähler des Bruches, durch welchen p_1 ausgedrückt wird, einen entsprechenden Zusatz anbringen. Das Kulturkostenkapital lässt sich nämlich in zwei Theile zerlegen; in c, welches zur Bestreitung der Kulturkosten vom Jahre 0 verwendet wird, und in $\dfrac{c}{1,op^u - 1}$, welches dazu dient, durch seine Zinsen die Kulturkosten für die folgenden Umtriebe zu beschaffen. Diese Zinsen sind also für die erste Umtriebszeit nicht erforderlich und müssen daher, wenn man den Productionsfonds vom Jahre 0 mit $\dfrac{c}{1,op^u - 1}$ noch weiter be-lastet, dem Bestande in Einnahme geschrieben werden. Da $\dfrac{c}{1,op^u - 1}$ bis zum Jahre m auf $\dfrac{c \cdot 1,op^m}{1,op^u - 1}$ sich prolongirt, so be-tragen die Jahreszinsen dieses Nachwerthes $\dfrac{c \cdot 1,op^m}{1,op^u - 1}\, o,op$; dieser Ausdruck wäre also der Grösse $A_{m+1} - A_m$ noch zuzufügen. Es lautet hiernach die Formel für die laufend-jährliche Verzinsung des Productionsaufwandes unter der angegebenen Voraussetzung folgendermassen:

$$p_1 = \frac{\left(A_{m+1} - A_m + \dfrac{c \cdot 1,op^m}{1,op^u - 1}\, o,op\right) 100}{\left(B + V + \dfrac{c \cdot 1,op^u}{1,op^u - 1}\right) 1,op^m - (D_a\, 1,op^{m-a} + D_b\, 1,op^{m-b} + \ldots)}.$$

Note 2 zu Seite 17.

Gestaltung der laufend-jährlichen Verzinsung für den Fall, dass man in den Productionsfonds nicht den Kapital-werth des Bodens und der jährlichen Kosten, sondern nur die (zu prolongirenden) m maligen Bodenrenten und jährlichen Kosten aufnimmt.

Strenge genommen braucht der Unternehmer nicht das Kapital des Bodenwerthes und der jährlichen Kosten in Händen zu haben; es genügt, wenn er jährlich die Bodenrente (den Bodenpacht) und die jährlichen Kosten (die Zinsen des Kapitals dieser Kosten) vorlegt. Bis zum m ten Jahre hat er also m mal $B \cdot o, op$ und $v = V \cdot o, op$ zu zahlen; diese Renten wachsen bis dahin zu dem Betrage

$$\frac{B \cdot o, op\, (1, op^m - 1)}{o, op} + \frac{V \cdot o, op\, (1, op^m - 1)}{o, op} = (B + V)\,(1, op^m - 1) \quad ,$$

an. $A_{m+1} - A_m$ würde also zunächst $(B + V)\,(1, op^m - 1)$ zu verzinsen haben. Allein am Ende des m ten Jahres sind noch einmal $B \cdot o, op + V \cdot o, op$ zu bezahlen, welchen die Kapitalien $B + V$ entsprechen. Addirt man dieselben zu $(B + V)\,(1, op^m - 1)$, so erhält man

$$(B + V)\,(1, op^m - 1) + B + V = (B + V)\,1, op^m,$$

mithin gerade so viel, als wenn man in den Productionsfonds vom Jahr 0 sogleich die Kapitalwerthe des Bodens und der jährlichen Kosten aufgenommen hätte.

Note 3 zu Seite 17.

Herleitung des Prozentes der laufend-jährlichen Verzinsung aus dem Bestandswerthszuwachse mehrerer Jahre.

Der Werthszuwachs eines Bestandes vom Jahre m bis zum Jahre $m + r$ sei

$$A_{m+r} - A_m + D_n\,1, op^{m+r-n} + \ldots + D_q\,1, op^{m+r-q},$$

so ist die jährliche Rente dieses Zuwachses =

$$\left(\frac{A_{m+r} - A_m + D_n\,1, op^{m+r-n} + \ldots + D_q\,1, op^{m+r-q}}{1, op^r - 1} \right) o, op.$$

Der prolongirte entlastete Productionsfonds im Jahre m ist

$$(B + V + c)\,1, op^m - (D_a\,1, op^{m-a} + \ldots + D_l\,1, op^{m-l}).$$

Mithin das Prozent der laufend-jährlichen Verzinsung

$$p_1 = \frac{\left(\dfrac{A_{m+r} - A_m + D_n\,1, op^{m+r-n} + \ldots + D_q\,1, op^{m+r-q}}{1, op^r - 1} \right) o, op \cdot 100}{(B + V + c)\,1, op^m - (D_a\,1, op^{m-a} + \ldots + D_l\,1, op^{m-l})} \quad . (*$$

Transformirt man den Nenner mittelst des Seite 35 angegebenen Verfahrens auf den Bestandskostenwerth HK_m, so erhält man

$$p_\iota = \frac{\left(\dfrac{A_{m+r} - A_m + D_n \, 1, op^{m+r-n} + \dots + D_q \, 1, op^{m+r-q}}{1, op^r - 1} \right) o, op \cdot 100}{IK_m + B + V}.$$

Setzt man in (* $r = 1$, so ergibt sich, da die Vornutzungen im Zähler wegfallen,

$$p_\iota = \frac{(A_{m+1} - A_m) \, 100}{(B + V + c) \, 1, op^m - (D_a \, 1, op^{m-a} + \dots + D_l \, 1, op^{m-l})},$$

also derselbe Ausdruck, welchen wir im Texte für das Prozent der laufend-jährlichen Verzinsung aus dem Werthszuwachse eines Jahres direct entwickelt haben.

Setzt man in (* $r = u$, $m = o$, so erhält man, da $A_m = A_o$ und hier $= c$ ist, und da die Vornutzungen im Nenner wegfallen,

$$p_\iota = \frac{\left(\dfrac{A_u - c + D_a \, 1, op^{u-a} + \dots + D_q \, 1, op^{u-q}}{1, op^u - 1} \right) o, op \cdot 100}{B + V + c},$$

oder, wenn man die Rente $\dfrac{c}{1, op^u - 1} \cdot o, op$ als Kapital $\dfrac{c}{1, op^u - 1}$ in den Nenner bringt und erwägt, dass $c + \dfrac{c}{1, op^u - 1} = C_u$ ist,

$$p_\iota = \frac{\left(\dfrac{A_u + D_a \, 1, op^{u-a} + \dots + D_q \, 1, op^{u-q}}{1, op^u - 1} \right) o, op \cdot 100}{B + V + C_u}.$$

Diese Formel ist die nämliche, welche wir Seite 18 für das Prozent der durchschnittlich-jährlichen Verzinsung aufgestellt haben. Wir sehen also, dass das Prozent der laufend-jährlichen Verzinsung in dem Falle, wenn man dasselbe aus dem Werthszuwachse einer ganzen Umtriebszeit ableitet, in das Prozent der durchschnittlich-jährlichen Verzinsung übergeht.

Eine andere Anschauungsweise für die Herleitung der laufend-jährlichen Verzinsung aus dem Werthszuwachse mehrerer Jahre ist folgende.

Nimmt man an, dass der prolongirte entlastete Productions-fonds des Jahres m sich durch den Werthszuwachs innerhalb r Jahre zu p_ι Prozent verzinse, so erhält man die Gleichung

$$[(B + V + c) \, 1, op^m - (D_a \, 1, op^{m-a} + \dots + D_l \, 1, op^{m-l})] \, (1, op_\iota^r - 1) =$$
$$A_{m+r} - A_m + D_n \, 1, op^{m+r-n} + \dots + D_q \, 1, op^{m+r-q} \quad \dots \dots \quad (**$$

Transformirt man die erste Seite der Gleichung auf den Be-standskostenwerth IK_m, so erhält man

$$(IK_m + B + V) \, (1, op_\iota^r - 1) = A_{m+r} - A_m + D_n \, 1, op^{m+r-n} + \dots$$
$$+ D_q \, 1, op^{m+r-q};$$

hieraus:

$$1, op_1{}^r = \frac{A_{m+r} - A_m + D_n\,1, op^{m+r-n} + \ldots + D_q\,1, op^{m+r-q}}{IK_m + B + V} + 1;$$

$$p_1 =$$

$$100\left[\left(\frac{A_{m+r} - A_m + D_n\,1, op^{m+r-n} + \ldots + D_q\,1, op^{m+r-q}}{IK_m + B + V} + 1\right)^{\frac{1}{r}} - 1\right].$$

Für $r = 1$ ist

$$p_1 = 100\left(\frac{A_{m+1} - A_m}{IK_m + B + V}\right).$$

Die Formel geht also für $r = 1$ ebenfalls in den Ausdruck über, welchen wir im Texte für den Werthszuwachs eines Jahres entwickelt haben.

Beide Anschauungsweisen sind selbstverständlich verschieden. Die erste ist analog derjenigen, nach welcher im Texte das Prozent der durchschnittlich-jährlichen Verzinsung aufgestellt wurde. Die zweite beruht auf den nämlichen Voraussetzungen, für welche in Note 5 unter 1. das Prozent der durchschnittlich-jährlichen Verzinsung entwickelt werden wird, wie daselbst noch speziell nachgewiesen werden soll.

Note 4 zu Seite 17.

Entwicklung des Prozentes der laufend-jährlichen Verzinsung des Productionsaufwandes beim jährlichen Betriebe.

Beim jährlichen Betriebe ist der laufend-jährliche Werthszuwachs aller Altersstufen $=$

$$A_u - A_{u-1} + A_{u-1} - A_{u-2} + \ldots + A_{q+1} - (A_q - D_q) + A_q - A_{q-1}$$
$$+ \ldots + A_{a+1} - (A_a - D_a) + A_a - A_{a-1} + A_2 - A_1 + A_1 =$$
$$A_u + D_a + \ldots + D_q;$$

der Productionsfonds ist gleich der Summe der Bestandskosten-werthe aller Altersstufen $+ u\,(B + V) =$ dem Kostenwerthe des normalen ~~Vorwerthes~~ $+ u\,(B + V)$

$$= \frac{(B + V + c)\,(1, op^u - 1) - [D_a\,(1, op^{u-a} - 1) + \ldots + D_q\,(1, op^{u-q} - 1)]}{o, op}$$
$$- u\,(B + V) + u\,(B + V)$$

$$= \frac{(B + V + c)\,(1, op^u - 1) - [D_a\,(1, op^{u-a} - 1) + \ldots + D_q\,(1, op^{u-q} - 1)]}{o, op};$$

also das Verzinsungsprozent

$$p_1 = \frac{(A_u + D_a + \ldots + D_q)\,100}{(B + V + c)\,(1,op^u - 1) - \left[D_a\,(1,op^{u-a} - 1) + \ldots + D_q\,(1,op^{u-q} - 1)\right]}_{\;0,\,op}$$

$$= \frac{(A_u + D_a + \ldots + D_q)\,p}{(B + V + c)\,(1,op^u - 1) - \left[D_a\,(1,op^{u-a} - 1) + \ldots + D_q\,(1,op^{u-q} - 1)\right]}.$$

Am Ende des Jahres fehlt der Bestandswerth der, jüngsten (*o*jährigen) Altersstufe, welcher nach Verfassers „Anleitung zur Waldwerthrechnung", Seite 70, gleich c ist. Da dieses c in die Nutzung übergegangen ist, so muss dessen Kapitalwerth mit $\dfrac{c}{o,\,op}$ dem Productionsfonds zugefügt werden. Man hat also:

$$p_1 = \frac{(A_u + D_a + \ldots + D_q)\,100}{(B + V + c)\,(1,op^u - 1) - \left[D_a\,(1,op^{u-a} - 1) + \ldots + D_q\,(1,op^{u-q} - 1)\right]}_{\;0,\,op} + \frac{c}{o,\,op}$$

$$= \frac{(A_u + D_a + \ldots + D_q)\,p}{\left(B + V + \dfrac{c \cdot 1,op^u}{1,op^u - 1}\right)(1,op^u - 1) - \left[D_a(1,op^{u-a} - 1) + \ldots + D_q(1,op^{u-q} - 1)\right]}$$

Die Berechnung des Kostenwerthes des normalen Vorrathes findet man S. 85 der „Anleitung zur Waldwerthrechnung" an-gegeben.

Note 5 zu Seite 18.

Einige andere Anschauungen über gleichmässige Ver-zinsung des Productionskapitals.

1. Will man dasjenige Prozent p_1 wissen, für welches die Interessen des kostenmässigen Productionsfonds der Summe der Rauherträge gleich werden, so bildet man für den aussetzenden Betrieb die Gleichung

$$(B + V)\,(1,op_1{}^u - 1) + c \cdot 1,op_1{}^u = A_u + D_a\,1,op^{u-a} + \ldots + D_q\,1,op^{u-q};$$

hieraus folgt

$$1,op_1 = \left(\frac{A_u + D_a\,1,op^{u-a} + \ldots + D_q\,1,op^{u-q} - c}{B + V + c}\right)^{\frac{1}{u}}.$$

Für den jährlichen Betrieb gilt die im Texte unter *B. b.* aufgestellte Gleichung.

Der vorstehend für den aussetzenden Betrieb angegebene Aus-druck lässt sich auch aus der in Note 3 mitgetheilten Grund-gleichung (** für die laufend-jährliche Verzinsung herleiten. Setzt man nämlich $m = o$, $r = u$, so gibt p_1 dasjenige Prozent an, zu welchem der Productionsfonds vom Jahre 0 durch die während einer Umtriebszeit erfolgenden Erträge sich verzinst, d. h. es geht

p_1 in $\mathfrak{p}_1$ oder die · laufend-jährliche Verzinsung in die gleichmässig-jährliche Verzinsung über. Bestimmen wir jetzt $p_1 = \mathfrak{p}_1$.

Die vorerwähnte Grundgleichung lautet:

$$[(B + V + c)\, 1,op^m - (D_a\, 1,op^{m-a} + \ldots + D_l\, 1,op^{m-l})]\, (1,op_1{}^r - 1)$$
$$= A_{m+r} - A_m + D_a\, 1,op^{m+r-n} + \ldots + D_q\, 1,op^{m+r-q}.$$

Berücksichtigen wir nun, dass für $m = o$, $A_m = c$ wird und dass für $m = o$ und $r = u$, $A_u - A_o$ auch die durch sämmtliche Vornutzungen sich ergebende Werthsmehrung ´des Bestandes in sich begreift, so finden wir, dass die vorstehende Gleichung übergeht in

$$(B + V + c)\, (1,op_1{}^u - 1) = A_u - c + D_a\, 1,op^{u-a} + \ldots + D_q\, 1,op^{u-q}.$$

Hieraus folgt

$$1,op_1 = \left(\frac{A_u + D_a\, 1,op^{u-a} + \ldots + D_q\, 1,op^{u-q} - c}{B + V + c} \right)^{\frac{1}{u}} = 1,o\mathfrak{r}_1.$$

Pressler*) wendet zur Bestimmung von $\mathfrak{p}_1$ die Gleichung

$$\left(B + V + \frac{c \cdot 1,op^u}{1,op^u - 1} \right) (1,op_1{}^u - 1) = A_u + D_a\, 1,op^{u-a} + \ldots + D_q\, 1,op^{u-q}$$

an. Er bringt also das kostenmässige Kapital des Kulturaufwandes in Ansatz.

2. Setzt man das Prozent $\mathfrak{p}_2$, mit welchem das Kapital der jährlichen Kosten und der Kulturkosten zu berechnen ist, gleich demjenigen Prozente, bei dessen Anwendung die Interessen des Productionskapitales den Erträgen gleich werden, so hat man für den aussetzenden Betrieb die Gleichung

$$\left(B + \frac{v}{0,0\mathfrak{p}_2} + \frac{c \cdot 1,o\mathfrak{p}_2{}^u}{1,o\mathfrak{p}_2{}^u - 1} \right) (1,o\mathfrak{p}_2{}^u - 1) = A_u + D_a\, 1,op^{u-a} + \ldots + D_q\, 1,op^{u-q}.$$

Aus dieser Gleichung wird $\mathfrak{p}_2$ nach den bekannten Regeln für die Auflösung der höheren Gleichungen hergeleitet.

Für den jährlichen Betrieb erhält man die Gleichung

$$B + \frac{v}{0,0\mathfrak{p}_2} + \frac{c \cdot 1,o\mathfrak{p}_2{}^u}{1,o\mathfrak{p}_2{}^u - 1}\, (1,o\mathfrak{p}_2{}^u - 1) - [D_a(1,op^{u-a} - 1) + \ldots + D_q(1,op^{u-q} - 1)]$$
$$= A_u + D_a + \ldots + D_q, \quad \text{oder}$$

$$\left(B + \frac{v}{0,0\mathfrak{p}_2} + \frac{c \cdot 1,o\mathfrak{p}_2{}^u}{1,o\mathfrak{p}_2{}^u - 1} \right) (1,o\mathfrak{p}_2{}^u - 1) = A_u + D_a\, 1,op^{u-a} + \ldots + D_q\, 1,op^{u-q}$$

wie bei dem aussetzenden Betriebe.

---

*) Rationeller Waldwirth, II, S. 88.

3. Nimmt man endlich durch die ganze Gleichung hin, also auch zum Prolongiren der Vornutzungen, ein gleiches Prozent p_3 an, so erhält man für den aussetzenden Betrieb

$$\left(B + \frac{v}{0,0p_3} + \frac{c.1,0p_3{}^u}{1,0p_3{}^u - 1}\right)(1,0p_3{}^u - 1) = A_u + D_a 1,0p_3{}^{u-a} + \ldots + D_q 1,0p_3{}^{u-q}$$

und für den jährlichen Betrieb

$$\left(B + \frac{v}{0,0p_3} + \frac{c.1,0p_3{}^u}{1,0p_3{}^u - 1}\right)(1,0p_3{}^u - 1) -$$

$$[D_a(1,0p_3{}^{u-a} - 1) + \ldots + D_q(1,0p_3{}^{u-q} - 1)]$$

$$= A_u + D_a + \ldots + D_q, \quad \text{oder}$$

$$\left(B + \frac{v}{0,0p_3} + \frac{c.1,0p_3{}^u}{1,0p_3{}^u - 1}\right)(1,0p_3{}^u - 1) = A_u + D_a 1,0p_3{}^{u-a} + \ldots + D_q 1,0p_3{}^{u-q},$$

wie beim aussetzenden Betriebe.

Es stellt p_3 dasjenige Prozent vor, zu welchem die Waldwirthschaft rentirt, wenn sämmtliche Erträge nur wieder im Walde selbst verzinslich angelegt werden. Vergl. auch S. 11 der „Anleitung zur Waldwerthrechnung".

Note 6 zu Seite 22.

Beweis des Satzes, dass die finanzielle Umtriebszeit bei Zugrundelegung eines kleineren Zinsfusses später eintritt als bei Annahme eines grösseren*). Von A. von Seckendorff.

Die Maximalgleichung des Boden-Erwartungswerthes B_u ist

$$\frac{dB_u}{du} = 0 \quad \ldots \ldots \ldots \ldots \quad 1)$$

Denken wir uns in derselben die Grössen p und u als variabel, so gibt uns der Differentialquotient $\frac{dp}{du}$ die Tangente an, welche an den Punkt u, p gelegt ist. Es ist aber:

$$\frac{dp}{du} = -\frac{\dfrac{d^2 B_u}{du^2}}{\dfrac{d^2 B_u}{du \cdot dp}} \quad \ldots \ldots \ldots \quad 2)$$

Der Ausdruck $\frac{d^2 B_u}{du^2}$ ist negativ, da $\frac{dB_u}{du} = 0$ die Bedingungsgleichung für das Maximum von B_u ist. Um die Art des Vor-

---

*) Man vergl. „Beiträge zur Waldwerthrechnung und forstl. Statik von Dr. A. von Seckendorff", Supplemente zur Allgemeinen Forst- und Jagd-Zeitung, VI. Band, 3. Heft, 1868, S. 160.

zeichens von $\dfrac{d^2 B_u}{du \cdot dp}$ zu bestimmen, bilden wir erst den Differentialquotienten

$$\frac{d B_u}{dp} = d \,\frac{\dfrac{A_u - c + D_q \cdot 1, op^{u-q}}{1,\, op^u - 1} - (c + V)}{dp},$$

indem wir der Einfachheit der Darstellung halber nur die eine Durchforstung D_q annehmen. Setzen wir ausserdem $1, op = p$, so erhalten wir:

$$\frac{d B_u}{dp} = \frac{(p^u - 1) D_q (u-q) p^{u-q-1} - (A_u - c + D_q p^{u-q}) u p^{u-1}}{(p^u - 1)^2} - \frac{dV}{dp},$$

$$\frac{d B_u}{dp} = -\frac{A_u - c + D_q p^{u-q}}{(p^u - 1)^2} u p^{u-1} + \frac{D_q (u-q) p^{u-q-1}}{(p^u - 1)} - \frac{dV}{dp}.$$

Es ist aber

$$(B_u + c + V) = \frac{A_u - c + D_q p^{u-q}}{p^u - 1}.$$

Bei Einsetzung dieses Ausdrucks erhalten wir

$$\frac{d B_u}{dp} = -(B_u + c + V) \frac{u p^{u-1}}{p^u - 1} + \frac{D_q (u-q) p^{u-q-1}}{(p^u - 1)} - \frac{dV}{dp}.$$

Diese Gleichung nach u differentiirt, gibt

$$\frac{d^2 B_u}{dp \cdot du} =$$

$$-\frac{(p^u-1)\left\{ (B_u+c+V)p^{u-1} + \frac{dB_u}{du} \cdot u p^{u-1} + (B_u+c+V)u p^{u-1} \log p \right\} - (B_u+c+V)u \cdot p^{u-1} \cdot p^u \log p}{(p^u - 1)^2}$$

$$+ \frac{(p^u - 1)\left\{ D_q p^{u-q-1} + D_q (u-q) p^{u-q-1} \log p \right\} - (u-q) p^{u-q-1} \cdot D_q \cdot p^u \log p}{(p^u - 1)^2}.$$

$$\frac{d^2 B_u}{dp\, du} = -\frac{(B_u+c+V)\left[(p^u-1)\left\{ p^{u-1} + u p^{u-1} \log p \right\} - u p^{u-1} p^u \log p \right]}{(p^u - 1)^2}$$

$$+ \frac{D_q \left[(p^u-1)\left\{ p^{u-q-1} + (u-q) p^{u-q-1} \log p \right\} - (u-q) p^{u-q-1} p^u \log p \right]}{(p^u - 1)^2}$$

$$= -\frac{(B_u+c+V) p^{u-1} (p^u - 1 - u \log p)}{(p^u - 1)^2} + \frac{D_q p^{u-q-1} (p^u - 1 - (u-q) \log p)}{(p^u - 1)^2}.$$

Nach der Taylor'schen Reihe ist

$$p^u = 1 + \frac{u \log p}{1} + \frac{u^2 \log^2 p}{1 \cdot 2} + \frac{u^3 \log^3 p}{1 \cdot 2 \cdot 3} + \cdots$$

Es folgt hieraus, dass

$$p^u > 1 + u \log p.$$

Demnach ist auch

$$p^u > 1 + (u-q) \log p.$$

Es sind deshalb die beiden Ausdrücke

$$\frac{(B_u + c + V)\, p^{u-1}\, (p^u - 1 - u\log p)}{(p^u - 1)^2}$$

und

$$D_q\, \frac{p^{u-q-1}\, (p^u - 1 - (u - q)\log p)}{(p^u - 1)^2}$$

positiv.

Da nun ferner der erste Ausdruck bedeutend grösser ist als der letzte, so folgt hieraus, dass $\dfrac{d^2 B_u}{dp \cdot du}$ eine negative Grösse ist.

Wenn aber sowohl $\dfrac{d^2 B_u}{du^2}$, als auch $\dfrac{d^2 B_u}{dp\,du}$ negative Ausdrücke sind, so ist der Quotient derselben positiv und $\dfrac{dp}{du}$ negativ.

Das heisst aber: Einer Verkleinerung von p entspricht eine Vergrösserung von u oder mit anderen Worten, die finanzielle Umtriebszeit wird erhöht, sobald wir ein kleineres, dagegen wird sie erniedrigt, sobald wir ein grösseres Prozent der Berechnung des Boden-Erwartungswerthes zu Grunde legen.

Note 7 zu Seite 22.

Eine scheinbare Ausnahme von der Regel, dass der Unternehmergewinn beim aussetzenden Betriebe dem Unternehmergewinn beim jährlichen Betriebe gleich ist, ergibt sich in dem Falle, wenn der Unternehmer den Boden (ohne Holzbestand) zu einem geringeren Preise als demjenigen, welcher sich für den Boden-Erwartungswerth B_u berechnet, erworben hat und jetzt den Vorrath neu erzieht. Denn für den aussetzenden Betrieb würde der jährliche Unternehmergewinn bei u Altersstufen =

$$u\, (B_u - B)\, o,op,$$

für den jährlichen Betrieb zunächst ebenfalls =

$$u\, (B_u - B)\, o,op, \quad.$$

sodann aber noch = der Rente des (positiven oder negativen) Gewinns am Vorrathswerthe sein. Diesen Gewinn erhält man, wenn man von dem unter Zugrundelegung des Boden-Erwartungswerthes berechneten Normalvorrath den unter Zugrundelegung des Boden-Kostenwerthes ermittelten Normalvorrath abzieht. Erster ist, wenn man $B_u = B + \delta$ setzt:

$$= \frac{(B+\delta+V+c)\,(1,op^u-1) - [D_a\,(1,op^{u-a}-1) + \ldots]}{o,op} - u\,(B+\delta+V),$$

letzter ist

$$= \frac{(B + V + c)\,(1, op^u - 1) - [D_a\,(1, op^{u-a} - 1) + \ldots]}{o,\,op} - u\,(B + V).$$

Der Unterschied beider Vorräthe ist $\dfrac{\delta\,(1, op^u - 1)}{o,\,op} - u\delta$; hiervon beträgt die jährliche Rente $\delta.(1, op^u - 1) - u\delta \cdot o, op$ oder

$$(B_u - B)\,(1, op^u - 1) - u\,(B_u - B)\,o,\,op.$$

Hiernach schiene der Unternehmergewinn beim jährlichen Betriebe um den Betrag $(B_u - B)\,(1, op^u - 1) - u\,(B_u - B)\,o, op$ grösser, bezw. kleiner zu sein, als beim aussetzenden Betriebe. Allein dieser Schluss erweist sich als irrig, wenn man erwägt, dass beim aussetzenden Betriebe der Bezug des Unternehmergewinns vom 1. Jahre an, dagegen beim jährlichen Betriebe erst vom Jahre u an (mit welchem nach erfolgter Bildung des normalen Vorrathes die erste Nutzung beginnt) gerechnet worden ist. Derjenige, welcher den aussetzenden Betrieb erwählt, kann also den (positiven oder negativen) Gewinn bis zum Jahre $(u-1)$ sich verzinsen lassen; er wird dann in dem genannten Jahre eine Summe S in Händen haben, deren jährliche Interessen dem jährlichen Unternehmergewinn hinzuzufügen sind. Berechnen wir nun S.

Es ist bis zum Jahre $(u-1)$ der Nachwerth des jährlichen Unternehmergewinns der

ersten Altersstufe $=$

$$\delta \cdot o, op \cdot 1, op^{u-2} + \delta \cdot o, op \cdot 1, op^{u-3} + \delta \cdot o, op \cdot 1, op^{u-4} + \ldots + \delta \cdot o, op$$

zweiten Altersstufe $=$

$$\delta \cdot o, op \cdot 1, op^{u-3} + \delta \cdot o, op \cdot 1, op^{u-4} + \ldots + \delta \cdot o, op$$

dritten   „ $\doteq$

$$\delta \cdot o, op \cdot 1, op^{u-4} + \ldots + \delta \cdot o, op$$

.
.
.

$(u-1)$ten   „ $=$ $\delta \cdot o, op$

Die Summe aller dieser Reihenwerthe bildet S, welches man $= \dfrac{\delta\,(1, op^u - 1)}{o,\,op} - u\delta$ findet. Hiervon beträgt die jährliche Rente

$$\delta\,(1, op^u - 1) - u\delta . o, op = (B_u - B)\,(1, op^u - 1) - u\,(B_u - B)\,o, op,$$

also gerade so viel, wie beim jährlichen Betriebe.

Note 8 zu Seite 27.

Beweis, dass der Ausdruck $\mathfrak{p} = \dfrac{\left(B_x + V + \dfrac{c \cdot 1, op^x}{1, op^x - 1}\right) p}{B + V + \dfrac{c \cdot 1, op^x}{1, op^x - 1}}$

nur dann zur Zeit u*) kulminiren kann, wenn $B = B_u$ gesetzt wird. Von J. Lehr.

Bilden wir den ersten Differential-Quotienten des vorstehenden Ausdruckes, so erhalten wir

$$\frac{d\mathfrak{p}}{du} = p \cdot \frac{\left(B + V + \dfrac{c \cdot 1, op^x}{1, op^x - 1}\right) \dfrac{dB_x}{dx} + (B_x - B) \dfrac{c \cdot 1, op^x \, log \, 1, op}{(1, op^x - 1)^2}}{\left(B + V + \dfrac{c \cdot 1, op^x}{1, op^x - 1}\right)^2} = 0.$$

Hieraus ergibt sich

$$\left(B + V + \frac{c \cdot 1, op^x}{1, op^x - 1}\right) \frac{dB_x}{dx} + (B_x - B) \frac{c \cdot 1, op^x \, log \, 1, op}{(1, op^x - 1)^2} = 0. \quad \ldots (1$$

Setzen wir $x = u$, so ist $\dfrac{dB_x}{dx} = 0$. Es müsste demnach, wenn das Maximum von $\mathfrak{p}$ zur Zeit u eintreten soll,

$$(B_u - B) \frac{1, op^u \, log \cdot 1, op}{(1, op^u - 1)^2} = 0 \ \text{sein}. \quad \ldots \ldots (2$$

Dies ist aber nur dann möglich, wenn $B = B_u$ gesetzt wird. Ist dagegen $B \lessgtr B_u$, so darf der Ausdruck $\dfrac{dB_x}{dx}$ nicht verschwinden, was dann geschieht, wenn $x \gtrless u$.

Ist $B > B_u$, so ist $(B_x - B)$ negativ; die Grösse $\dfrac{dB_x}{dx}$ muss demnach positiv sein, wenn der Gleichung (1 genügt werden soll. $\dfrac{dB_x}{dx}$ ist aber, da B_x mit Vergrösserung von x bis zu u hin steigt, nach u aber fällt**), vor u positiv, nach u negativ. Die Gleichung (1 wird also, wenn $B > B_u$, erfüllt für ein $x < u$, d. h. das Maximum von $\mathfrak{p}_1$ tritt früher ein als das von B_u.

Ist $B < B_u$, etwa $= B_{u+v}$, so wird zur Zeit $u + v$ der zweite Theil der Gleichung (1 $=$ Null, nach $u + v$ wird er negativ, während der erste nach u stets negativ ist. Innerhalb der Zeiten $u + v$ und u ist dagegen $B_x - B$ positiv; es gibt deshalb einen

---

*) Umtriebszeit des grössten Boden-Erwartungswerthes.

**) Die Function B_x wird als stetig steigend und nach u als stetig fallend angenommen.

Zeitpunkt $u + z < u + v$, für welchen der zweite Theil der
Gleichung (1 positiv, der erste negativ und beide einander absolut
gleich sind. Demnach würde, wenn $B < B_u$, die Kulmination von
p später als zur Zeit u eintreten.

Der Ausdruck $\dfrac{1, op^x \, log \cdot 1, op}{(1, op^x - 1)^2}$ ist, zumal für grössere Werthe
von x, eine sehr kleine Grösse. Es muss deshalb das Product
$(B_x - B) \, c$ eine beträchtliche Höhe erreichen, wenn der zweite
Theil der Gleichung (1 eine nennenswerthe Grösse sein soll. Dies
geschieht, wenn die Boden-Erwartungswerthe im Allgemeinen,
sowie c sehr gross, dagegen x und B sehr klein sind.

Nach v. Seckendorff „Beiträge zur Waldwerthrechnung und
forstlichen Statik", Supplemente zur Allgemeinen Forst- und Jagd-
Zeitung, Band VI, Heft 3, S. 163, kulminirt der Boden-Erwartungswerth für Fichte zu 2 % mit 198,7763

im Jahre 73. Hier ist für $B = 0$ p $= 24,566$.
Im Jahre 74 ist für $B = 0$ p $= 24,5812$.
„   „   75 „   „   „ „ „   p $= 24,582$
„   „   76 „   „   „ „ „   p $= 24,54..$

p kulminirt also im 75. Jahre.

Hätten wir $c = 10$ statt $= 2$ gesetzt, so würden wir das
Maximum von B_u im 74., das von p im 77. Jahre gefunden haben.

Wählen wir einen höheren Zinsfuss, statt 2 % etwa 3 %, so
ist der Boden-Erwartungswerth kleiner, er erreicht sein Maximum
im 66. Jahre mit 96,7305; p dagegen kulminirt, wenn wir $B = 0$
setzen, im 67. Jahre. Bei einem Zinsfusse von 4 %, für welchen
der Boden-Erwartungswerth im 58. Jahre mit 51,1177 sein Maximum erreicht, kulminirt p für $B = 0$ ebenfalls während des
58. Jahres.

Note 9 zu Seite 28.

Beweis des Satzes, dass bei dem aussetzenden Betriebe
ein Ueberschuss an Productionskapital, welcher einer
niederern Umtriebszeit als derjenigen des grössten Boden-
Erwartungswerthes zukommt, zu weniger als p Prozent
sich verzinst, dass dagegen ein derartiger Ueberschuss,
wenn er der Umtriebszeit des grössten Boden-Erwartungswerthes angehört, mehr als p Prozent liefert.

Bei dem aussetzenden Betriebe vermindert sich das Productionskapital mit wachsender Umtriebszeit, weil das Kulturkostenkapital von Jahr zu Jahr abnimmt.

Es ist selbstverständlich, dass, so lange die Rauhertragsrente steigt, aber das Productionskapital fällt, die Differenz der Productionskapitalien, welche der niedern Umtriebszeit zukommt, negativ rentirt.

Vor der Kulmination des Boden-Erwartungswerthes liegt ein Zeitraum, in welchem die Rauhertragsrente zugleich mit dem Productionskapital fällt. Allein es ist dann auch*) die Differenz der Kapitalwerthe der Rauherträge zweier Jahre kleiner als die Differenz der Kulturkostenkapitalien, also, wenn man mit R_m, R_u die Rauhertragsrenten, mit P_m, P_u die Productionskapitalien der Umtriebszeiten m und u bezeichnet,

$$\frac{R_m}{1,0p^m - 1} - \frac{R_u}{1,0p^u - 1} < P_m - P_u.$$

Da nun

$$p_1 = \frac{\left(\dfrac{R_m}{1,0p^m - 1} - \dfrac{R_u}{1,0p^u - 1} \right)}{P_m - P_u} \, p$$

ist, so folgt aus der obigen Ungleichung

$$p_1 < p.$$

Nach der Umtriebszeit des grössten Boden-Erwartungswerthes ist die Differenz der Rauhertragskapitalien grösser als die Differenz der Kulturkostenkapitalien; mithin verzinst sich ein Ueberschuss an Productionsfonds, welcher der Umtriebszeit des grössten Boden-Erwartungswerthes angehört, zu mehr als p Prozent.

Note 10 zu Seite 30.

Gestaltung der laufend-jährlichen Verzinsung des Productionsaufwandes unter der Voraussetzung, dass der Productionsfonds im Jahre 0 nur aus dem Bodenwerthe besteht.

Lassen wir den Productionsfonds im Jahre 0 nur aus dem Bodenwerthe B bestehen, so müssen wir die Rente der prolongirten Kulturkosten und des prolongirten Kapitals der übrigen Kosten im Zähler von $A_{m+1} - A_m$ abziehen, dagegen die Rente der prolongirten Vornutzungen zusetzen. Wir erhalten dann als Prozent der laufend-jährlichen Verzinsung im Jahre m

*) S. v. Seckendorff: Beiträge zur Waldwerthrechnung und forstlichen Statik. Supplemente zur Allgem. Forst- u. Jagd-Zeitung, Band VI, Heft 3, Seite 151.

$$p_1 = \frac{A_{m+1} - A_m - V\,1,op^m \cdot o,op - c \cdot 1,op^m \cdot o,op + D_a\,1,op^{m-a} \cdot o,op + \ldots}{B\,1,op^m}\,100$$

und, wenn wir im Zähler $B\,1,op^m - B - B\,1,op^m + B + V - V$ zufügen,

$$p_1 = \frac{A_{m+1} - A_m - o,op\,[B1,op^m - B + V1,op^m - V + c\,1,op^m - B1,op^m + B + V - D_a 1,op^{m-a}]}{B\,1,op^m} \cdot 100$$

$$= \frac{A_{m+1} - A_m - o,op\,[(B+V)(1,op^m - 1) + c\,1,op^m - D_a 1,op^{m-a}] + [B(1,op^m - 1) - V]\,o,op}{B\,1,op^m} \cdot 100$$

und, wenn man den Bestands-Kostenwerth vom Jahre m mit HK_m bezeichnet,

$$p_1 = \frac{A_{m+1} - A_m - o,op\,(HK_m + B + V)}{B\,1,op^m} \cdot 100 + \frac{B\,1,op^m \cdot o,op}{B\,1,op^m} \cdot 100$$

$$= \frac{A_{m+1} - A_m - o,op\,(HK_m + B + V)}{B\,1,op^m} \cdot 100 + p.$$

Offenbar ist $p_1 = p$, wenn

$$A_{m+1} - A_m - o,op\,(HK_m + B + V) = 0, \text{ oder wenn}$$

$$p = \frac{A_{m+1} - A_m}{HK_m + B + V}\,100.$$

Es erübrigt noch, den auf S. 24 enthaltenen Satz für die Formel

$$p_1 = \frac{A_{m+1} - A_m - o,op\,(HK_m + B + V)}{B\,1,op^m} \cdot 100 + p$$

zu beweisen.

Setzt man zu dem Ende, wie früher, statt der Verbrauchswerthe $A_{m+1} - A_m$ die Kostenwerthe HK_{m+1}, HK_m, so erhält man

$$p_1 = \frac{HK_{m+1} - HK_m - o,op\,(HK_m + B + V)}{B\,1,op^m} \cdot 100 + p,$$

$$p_1 = \frac{HK_{m+1} - HK_m\,1,op - (B + V)\,o,op}{B\,1,op^m} \cdot 100 + p,$$

oder, wenn man HK_{m+1} und HK_m nach S. 68 der „Anleitung zur Waldwerthrechnung" durch die Formel des Bestands-Kostenwerthes ausdrückt, nach einigen Reductionen

$$p_1 = \frac{(B + V)\,o,op - (B + V)\,o,op}{B\,1,op^m} \cdot 100 + p = p.$$

Der übrige Theil des Beweises führt sich in der auf Seite 25 angegebenen Weise.

Will man die laufend-jährliche Verzinsung des nicht prolongirten Bodenwerthes für das Jahr m berechnen, so hat man

$$p_1 = \frac{A_{m+1} - A_m - (V + HK_m)\, o,op}{B} \cdot 100,$$

d. h. man muss von dem jährlichen Werthszuwachse des Bestandes die jährlichen Kosten und die Interessen des Bestands-Kostenwerthes in Abzug bringen.

Der vorerwähnte Satz beweist sich auch für diese Formel, wenn man für A_{m+1} und A_m die Bestands-Kostenwerthe substituirt.

Note 11 zu Seite 30.

Gestaltung der durchschnittlich-jährlichen Verzinsung des Productionskapitals unter der Voraussetzung, dass das Productionskapital nur aus dem Bodenwerthe besteht.

Bezeichnen wir das vorgenannte Prozent mit p_1, so drückt sich dasselbe durch die Formel

$$p_1 = \frac{\left(\dfrac{A_u + D_a\, 1,op^{u-a} + \ldots + D_q\, 1,op^{u-q}}{1,op^u - 1} - V - C_u\right) o,op \cdot 100}{B}$$

aus. Der Zähler enthält den Boden-Erwartungswerth, es ist also

$$p_1 = \frac{B_u}{B}\, p.$$

Hieraus ergibt sich:.

für $B = B_u$ ist $p_1 = p$,

„ $B < B_u$ „ $p_1 > p$,

„ $B > B_u$ „ $p_1 < p$.

Bringt man, wie wir dies bei der Formel Seite 18 gethan haben, alle Productionskapitalien in den Nenner, so ist das Prozent der durchschnittlich-jährlichen Verzinsung

$$p = \frac{\left(\dfrac{A_u + D_a\, 1,op^{u-a} + \ldots + D_q\, 1,op^{u-q}}{1,op^u - 1}\right) o,op \cdot 100}{B + V + C_u} \cdot$$

Setzen wir $\left(\dfrac{A_u + D_a\, 1,op^{u-a} + \ldots + D_q\, 1,op^{u-q}}{1,op^u - 1}\right) o,op = R,$

so ist

$$p = \frac{R \cdot 100}{B + V + C_u} \quad \cdots \cdots \cdots 1)$$

und ebenso

$$p_1 = \frac{[R - (V + C_u)\, o,op]\, 100}{B} \quad \cdots \cdots 2)$$

Aus 1) folgt:

$$R = \frac{\mathfrak{p}\,(B + V + C_u)}{100}.$$

Dieser Ausdruck in die Formel 2) gesetzt, gibt

$$\mathfrak{p}_1 = \frac{\left[\dfrac{\mathfrak{p}\,(B + V + C_u)}{100} - (V + C_u)\,o,op\right] 100}{B}$$

$$= \frac{\left[\dfrac{\mathfrak{p}}{100}\,B + (V + C_u)\left(\dfrac{\mathfrak{p}}{100} - \dfrac{p}{100}\right)\right] 100}{B}.$$

Setzen wir jetzt $\mathfrak{p} = p + x$, so ist

$$\mathfrak{p}_1 = \frac{\left[\left(\dfrac{p+x}{100}\right) B + (V + C_u)\left(\dfrac{p+x}{100} - \dfrac{p}{100}\right)\right] 100}{B}$$

$$= p + x + \frac{(V + C_u)}{B}\,x$$

$$p + \frac{(B + V + C_u)}{B}\,x.$$

Nun haben wir bereits oben gesehen, dass für $B = B_u$, $\mathfrak{p}_1 = \mathfrak{p}$ ist. Früher (Seite 26) wurde bewiesen, dass unter der nämlichen Voraussetzung auch $\mathfrak{p} = p$. Es ist also für $B = B_u$, $\mathfrak{p} = \mathfrak{p}_1$.

Für $B < B_u$ ist $\mathfrak{p}_1 > p$, also x positiv und, da

$$\frac{B + V + C_u}{B}\,x > x,$$

so ist auch $\mathfrak{p}_1 > \mathfrak{p}$.

Für $B > B_u$ ist $\mathfrak{p}_1 < p$, also x negativ und, da

$$\frac{B + V + C_u}{B}\,x > x,$$

so ist auch $\mathfrak{p}_1 < \mathfrak{p}$.

Alle Sätze, welche früher für $\mathfrak{p}$ aufgestellt wurden, gelten auch für $\mathfrak{p}_1$ und lassen sich für letzteres ebenso beweisen.

Der Satz, dass das Maximum der durchschnittlich-jährlichen Verzinsung mit der Kulmination des Boden-Erwartungswerthes eintritt, gilt bei $\mathfrak{p}_1$ und für den aussetzenden Betrieb für jeden beliebigen Bodenwerth.

Note 12 zu Seite 36.

Beweis des Satzes, dass das Prozent der laufend-jährlichen Verzinsung auch in dem Falle, wenn in der Formel

$$p_1 = \frac{(A_{m+1} - A_m)\,100}{1K_m + B + V}$$

anstatt des Bestands-Kostenwerthes der Bestands-Verbrauchswerth gesetzt wird, für die auf die Umtriebszeit des grössten Boden-Erwartungswerthes folgenden Bestandsalter den Betrag von p nicht erreicht. Von v. Seckendorff.

Bekanntlich ist

$$\frac{IK_{u+1} - IK_u}{IK_u + B + V}\,100 > \frac{A_{u+1} - A_u}{A_u + B + V}\,100,$$

weil einestheils

$$A_u = IK_u,$$

anderntheils aber

$$IK_{u+1} - IK_u > A_{u+1} - A_u,$$

indem der Bestands-Verbrauchswerth für den Fall, dass der Bodenwerth in der Formel des Bestands-Kostenwerthes als Boden-Erwartungswerth angenommen wird, vor und nach der Kulmination des Boden-Erwartungswerthes stets kleiner und während der Kulmination gleich dem Bestands-Kostenwerthe ist.

Nun lässt sich aber auch beweisen, dass für jedes andere Bestandsalter $u + r$

$$\frac{(IK_{u+r+1} - IK_{u+r})\,100}{IK_{u+r} + B + V} > \frac{(A_{u+r+1} - A_{u+r})\,100}{A_{u+r} + B + V} \tag{*}$$

und dass somit auch.

$$\frac{(A_{u+r+1} - A_{u+r})\,100}{A_{u+r} + B + V} < p.$$

Denn setzen wir in die Ungleichung (* statt

$$\frac{(IK_{u+r+1} - IK_{u+r})\,100}{IK_{u+r} + B + V}$$

den Werth

$$\frac{(IK_{u+1} - IK_u)\,100}{IK_u + B + V},$$

was erlaubt ist, weil ja auch

$$\frac{(IK_{u+1} - IK_u)\,100}{IK_u + B + V} = p$$

ist, so erhalten wir

$$\frac{(IK_{u+1} - IK_u)\,100}{IK_u + B + V} > \frac{(A_{u+r+1} - A_{u+r})\,100}{A_{u+r} + B + V}$$

oder

$$(IK_{u+1} - IK_u)(A_{u+r} + B + V) > (A_{u+r+1} - A_{u+r})(IK_u + B + V)$$

und da $A_u = IK_u$, so ist auch

$$(HK_{u+1} - HK_u)(A_{u+r} + B + V) > (A_{u+r+1} - A_{u+r})(A_u + B + V).$$

Von der Richtigkeit dieses Ausdruckes überzeugt man sich, wenn man erwägt, dass $A_{u+r} > A_u$ und dass

$$HK_{u+1} - HK_u > A_{u+r+1} - A_{u+r}.$$

Da nun bewiesen ist, dass

$$\frac{(HK_{u+r+1} - HK_{u+r})\,100}{HK_{u+r} + B + V} > \frac{(A_{u+r+1} - A_{u+r})\,100}{A_{u+r} + B + V},$$

so folgt hieraus, dass

$$p_1 = \frac{(A_{u+r+1} - A_{u+r})\,100}{A_{u+r} + B + V} < p.$$

Dieses Verhältniss existirt jedoch nur şo lange, als in der Kurve der Bestands-Verbrauchswerthe kein Wendepunkt, also nicht der Fall eintritt, dass durch plötzliche sehr hohe Werthssteigung (durch Eintritt des Holzes in ein bedeutend werthvolleres Sortiment) die Kurve sich der Bestandskostenwerths-Kurve nähert, wodurch dann die laufend-jährliche Verzinsung dem Wirthschaftszinsfusse unter Umständen von Neuem wieder gleich werden kann. Allein für solche Verhältnisse ergibt auch die ursprüngliche Formel der laufend-jährlichen Verzinsung ein ähnliches Resultat.

Note 13 zu Seite 43.

Beweis des Satzes, dass der durchschnittlich-jährliche Zuwachs in dem Zeitpunkt, in welchem er sein Maximum erreicht, gleich dem laufend-jährlichen Zuwachs ist.

Bezeichnen wir das Bestandsalter mit x und den Vorrath, welcher eine Function von x ist, mit $f(x)$, so ist die zur Zeit $(x-1)$ vorhandene Bestandsmasse $= f(x-1)$ und der an der letzteren bis zum Jahre x erfolgende Zuwachs $=$

$$f(x) - f(x-1).$$

Diesen laufenden Zuwachs können wir, sobald wir die Zwischenräume der einzelnen auf einander folgenden Zeitpunkte verschwindend klein annehmen, als ein Differentiale von $f(x)$ ausdrücken.

Es ist demnach,

wenn der Vorrath $= f(x)$ ist,

der laufende Zuwachs $= \dfrac{df(x)}{dx}$ gesetzt wird,

und wenn der durchschnittliche Zuwachs $= \dfrac{f(x)}{x}$, d. h. $=$ der zur Zeit x (wo x durch die Einheiten dx ausgedrückt wird) vorhandenen Masse, dividirt durch die Grösse x ist, die Bedingungsgleichung für das Maximum von $\dfrac{f\,(x)}{x}$

$$d\,\dfrac{\dot{f}\,(x)}{x}\Big/{d\,x} = \dfrac{\dfrac{df\,(x)}{dx}\cdot x - f\,(x)}{x^2} = 0. \text{ Demnach}$$

$$\dfrac{df\,(x)}{dx}\cdot x - f\,(x) = 0 \text{ oder } \dfrac{df\,(x)}{dx} = \dfrac{f\,(x)}{x}.$$

Unsere Gleichung kann also nur dann erfüllt werden, wenn der laufende Zuwachs gleich dem durchschnittlichen ist. Streng genommen gilt der obige Satz nicht für alle Fälle. Denn die Kulmination des Durchschnittszuwachses kann, und dieses wird wohl fast immer eintreten, während der Dauer des Jahres (also nicht gerade am Ende desselben) erfolgen. Indessen können wir selbstverständlich von einer so grossen mathematischen Genauigkeit absehen und darum den erwähnten Satz als allgemein giltig betrachten.

Zu einem gleichen Resultate werden wir natürlich gelangen, wenn wir annehmen, es seien verschiedene Durchforstungen vor dem Abtriebe eingelegt worden. In diesem Falle kann der Durchschnittszuwachs mehrere Maxima erreichen, und zwar ist er dann immer so gross als der zur selben Zeit erfolgende laufende Zuwachs. Es sei die Bestandsmasse vor dem Jahre $a = \varphi\,(x)$, nach dem Jahre a, in welchem die Durchforstung D_a eingelegt wird, $= \psi\,(x)$ (indem $x = a$) u. s. w. Die letzte Durchforstung erfolge im Jahre q im Betrage von D_q und es restire $f(x)_{(x=q)}$. Kulminirt der durchschnittliche Zuwachs zur Zeit u, so muss

$$\dfrac{f\,(x) + D_a + \ldots D_q}{x} = \dfrac{df\,(x)}{dx} \text{ sein, indem } x = u.$$

Dies ergibt sich leicht aus der Bedingungsgleichung für das Maximum des Durchschnittszuwachses:

$$\dfrac{x\cdot\dfrac{df\,(x)}{dx} - f\,(x) + D_a + \ldots D_q}{x^2} = 0, \text{ woraus eben}$$

$$\dfrac{f\,(x) + D_a + \ldots D_q}{x} = \dfrac{df\,(x)}{dx}.$$

Ebenso erhalten wir

$$\dfrac{d\varphi\,(x)}{dx} = \dfrac{\varphi\,(x)}{x},$$

$$\dfrac{d\psi\,(x)}{dx} = \dfrac{\psi\,(x) + D_a}{x} \text{ u. s. f.}$$

Sollte der Durchschnittszuwachs von 0 bis zu u fortwährend steigen, so kann dies nur daher rühren, dass die Durchforstungen D_a, D_b etc. vor den Jahren eingelegt werden, in welchen die jeweilige Kulmination eintritt.   J. Lehr.

Anmerkung des Herausgebers. Der in der Ueberschrift angegebene Satz lässt sich auch auf elementarem Wege beweisen.

Nennt man die laufend-jährlichen Zuwachse h_1, h_2 ...., die durchschnittlich-jährlichen Zuwachse d_1, d_2 ...., so ist

$$(n + 1)\, d_{n+1} - n\, d_n = h_{n+1} \quad \text{oder}$$

$$n\, (d_{n+1} - d_n) = h_{n+1} - d_{n+1}.$$

Hieraus folgt, dass für $d_{n+1} \gtrless d_n$ auch $h_{n+1} \gtrless d_{n+1}$ ist. Das heisst also: Steigt der durchschnittlich-jährliche Zuwachs, so ist der laufend-jährliche Zuwachs grösser; sinkt dagegen ersterer, so wird der laufend-jährliche Zuwachs kleiner, als der Durchschnittszuwachs. — Kulminirt der Durchschnittszuwachs bei d_n, ist also $d_{n-1} < d_n$ und $d_{n+1} < d_n$, so ist nach obigem Satze auch

$$h_n > d_n \quad \text{und} \quad h_{n+1} < d_{n+1}.$$

Vor der Kulmination des Durchschnittszuwachses ist also der laufend-jährliche Zuwachs grösser und nachher kleiner, als der zugehörige Durchschnittszuwachs. Wollte man nicht nach Jahren, sondern nach unendlich kleinen Zeittheilchen rechnen, so würde man finden, dass in dem Zeitpunkte der Kulmination der Durchschnittszuwachs dem laufend-jährlichen Zuwachs gleich ist.

Note 14 zu Seite 45.

Ueber den Einfluss der Erträge und Productionskosten auf die Höhe der finanziellen Umtriebszeit. Von J. Lehr.

Die Formel des Boden-Erwartungswerthes ist

$$B_u = \frac{A_u + \dfrac{D_a}{1,0p^a} + \ldots - c}{1,0p^u - 1} + \frac{D_a}{1,0p^a} + \ldots - c - V.$$

Setzen wir in derselben

$\dfrac{A_u}{1,0p^u - 1} = \alpha$; die Summe $\dfrac{D_a}{1,0p^a} + \dfrac{D_b}{1,0p^b} + \ldots = k$; den Factor der letzteren $\dfrac{1}{1,0p^u - 1} = \beta$ und den übrigen als konstant zu betrachtenden Theil der rechten Seite unserer Gleichung $= r$, so haben wir:

$$B_u = \alpha + (k - c)\,\beta + r.$$

Die Bedingungsgleichung für das Maximum von B_u ist demnach

$$\frac{dB_u}{du} = \frac{d\alpha}{du} + (k - c)\, {}^{u}{}^{u} = 0. \quad \ldots \ldots 1.$$

Würde $A_v = m \cdot A_u$, bezw. $\alpha = m\alpha$, würde ferner die Summe $k = nk$ und $c = wc$, so würden wir als Maximalgleichung des Boden-Erwartungswerthes erhalten:

$$m \cdot \frac{d\alpha}{du} + (nk - wc) \frac{d\beta}{du} = 0. \quad \ldots \ldots 2.$$

Nehmen wir an, dieselbe werde erfüllt durch die Grösse $u = u + \varepsilon$, so erhalten wir bei Anwendung der Taylor'schen Reihe:

$$m \left\{ \frac{d\alpha}{du} + \varepsilon \frac{d^2\alpha}{du^2} + \frac{\varepsilon^2}{2} \cdot \frac{d^1\alpha}{du^3} + \ldots \right\} + (nk - wc) \left\{ \frac{d\beta}{du} + \varepsilon \frac{d^2\beta}{du^2} \right.$$
$$\left. + \frac{\varepsilon^2}{2} \cdot \frac{d^3\beta}{du^3} + \ldots \right\} = 0.$$

Denken wir uns ε als sehr klein, so können wir die Terme höherer als erster Ordnung verschwinden lassen und erhalten:

$$\varepsilon \left\{ m \frac{d^2\alpha}{du^2} + (nk - wc) \frac{d^2\beta}{du^2} \right\} = -m \frac{d\alpha}{du} - (nk - wc) \frac{d\beta}{du},$$

oder

$$\varepsilon \left\{ m \frac{d^2\alpha}{du^2} + (nk - wc) \frac{d^2\beta}{du^2} \right\} = -m \frac{d\alpha}{du} - (nk - wc) \frac{d\beta}{du}$$
$$+ m (k - c) \frac{d\beta}{du} - m (k - c) \frac{d\beta}{du}.$$

Nach Gleichung 1 ist aber $m \cdot \frac{d\alpha}{du} + m (k - c) \frac{d\beta}{du} = 0$.

Es bleibt demzufolge:

$$\varepsilon \left\{ m \frac{d^2\alpha}{du^2} + (nk - wc) \frac{d^2\beta}{du^2} \right\} = \frac{d\beta}{du} \left\{ k (m - n) - c (m - w) \right\}. \ldots 3.$$

Da die erwähnte Gleichung als Bedingung des Maximums von B_u besteht, so ist

$$\frac{d^2 B_u}{du^2} = \frac{d^2\alpha}{du^2} + (k - c) \frac{d^2\beta}{du^2}$$

eine negative Grösse. Dieselbe könnte dadurch allenfalls positiv werden, dass wir einen oder den anderen der Summanden mit einem gewissen positiven Factor multipliciren. Wählen wir jedoch einen Factor, der nur wenig grösser als 1 ist, so wird die Summe noch negativ bleiben. Wir sind nun von der Annahme ausgegangen, dass die Grösse ε sehr klein sei. Dem entsprechend würden wir auch 3 Grössen m, n und w zu betrachten haben, welche nahe $= 1$ sind oder deren Quotienten nicht viel grösser oder kleiner als 1. Aus diesem Grunde ist es gestattet, die Summe

$$m \frac{d^2\alpha}{du^2} + (nk - wc) \frac{d^2\beta}{du^2}$$

ohne Weiteres als negativ zu betrachten.

Der Differentialquotient

$$\frac{d\beta}{du} = \frac{d\,\dfrac{1}{1,op^u - 1}}{du} = -\frac{1,op^u \cdot log\,1,op}{(1,op^u - 1)^2}$$

ist ebenfalls negativ.

Nun ergibt sich aus Gleichung 3:

$$\varepsilon = \frac{\dfrac{d\beta}{du}\left\{ k\,(m-n) - c\,(m-w)\right\}}{m\,\dfrac{d^2\alpha}{du^2} + (nk - wc)\,\dfrac{d^2\beta}{du^2}}.$$

Da es hier jedoch nur auf die Art des Vorzeichens von ε ankommt, wenn der Einfluss, welchen m, n und w auf die Grösse u äussern, erkannt werden soll, so können wir den negativen Nenner gegen die negative Grösse $\dfrac{d\beta}{du}$ einfach streichen und erhalten den übersichtlichen Ausdruck

$$\varepsilon = k\,(m-n) - c\,(m-w). \quad\ldots\ldots\quad 4.$$

Derselbe gibt zur Unterscheidung mehrerer Fälle Veranlassung.

I. $m > 1$; dagegen n und $w = 1$, d. h. die Grösse A_u steigt, während die Durchforstungen (Zwischennutzungen) und Kulturkosten unverändert bleiben. Es wird alsdann

$$\varepsilon = (k-c)\,(m-1).$$

1. $k > c$; d. h. die Summe der auf die Jetztzeit discontirten Zwischennutzungen ist grösser als die Kulturkosten. ε wird alsdann positiv. Eine Vergrösserung von A_u bewirkt demnach ein Steigen der finanziellen Umtriebszeit.

2. $k < c$; ε ist in diesem Falle negativ. Eine Vergrösserung von A_u würde demnach ein Sinken der Umtriebszeit zur Folge haben.

3. $k = c$, oder k und $c = 0$. Alsdann würde auch $\varepsilon = 0$. Die Umtriebszeit würde sich demnach nicht ändern.

II. $n > 1$; dagegen m und $w = 1$. Wir erhalten

$$\varepsilon = k\,(1-n),$$

ε wird also negativ. Eine Vergrösserung der Summe $\dfrac{D_a}{1,op^a} +$ $\dfrac{D_b}{1,op^b} + \ldots$ bewirkt demnach ein Sinken der finanziellen Umtriebszeit.

III. $w > 1$; dagegen n und $m = 1$. Es wird

$$\varepsilon = c\,(w-1),$$

also positiv. Eine Vergrösserung der Kulturkosten hat demnach eine Erhöhung der Umtriebszeit zur Folge.

Zu den entgegengesetzten Resultaten würden wir gelangt sein, wenn wir die Grössen m, n und w hätten kleiner als 1 werden lassen. Es blieben nun noch die Fälle zu diskutiren, in welchen je zwei oder auch alle drei Grössen m, n und $w \gtrless 1$ werden. Doch lassen sich dieselben auf die Fälle I., II. und III. zurückführen. Es bliebe immer nur zu untersuchen, ob

$$k\,(m-n) - c\,(m-w) \gtreqless 0.$$

Wir gingen von der Annahme aus, dass die Kosten der Bewirthschaftung entweder in jährlich gleichen Raten (v) oder immer am Anfang der Umtriebszeit (c) zu verausgaben seien. Die Grösse V war, da sie als konstante erschien, auf die Höhe der Umtriebszeit ohne Einfluss. Dies ist dagegen nicht der Fall, wenn die genannten Kosten eine Function von u sind. Setzen wir $B_u = A - V$, so wäre die Bedingungsgleichung für das Maximum von B_u

$$\frac{dA}{du} - \frac{dV}{du} = 0.$$

In dieser Gleichung würde die Grösse u zum Theile durch die Beschaffenheit des Differentialquotienten $\frac{dV}{du}$ bedingt sein. Ist $\frac{dV}{du} > 0$, also positiv, so müsste auch, damit die Gleichung bestehen kann, $\frac{dA}{du}$ positiv sein, d. h. die Umtriebszeit würde vor demjenigen Jahre u liegen, für welches A kulminirt und $\frac{dA}{du} = 0$ ist. Das umgekehrte Verhältniss würde eintreten, wenn $\frac{dV}{du} < 0$, also negativ wäre. Alsdann müsste, damit $\frac{dA}{du} - \frac{dV}{du} = 0$ wird, die Grösse $\frac{dA}{du}$ negativ werden. Die Gleichung könnte also nur durch eine Grösse $u_1 >$ als jenes u befriedigt werden, d. h. die Umtriebszeit müsste höher liegen als die u-jährige, für welche $\frac{dA}{du} = 0$.

Nehmen wir an, während der ersten x Jahre würde an Kosten jährlich v verausgabt, in den folgenden ($u-x$) Jahren dagegen v_1. Wir hätten demnach, wenn wir der Einfachheit halber $\frac{v}{0,op} = V$, $\frac{v_1}{0,op} = V_1$ und $1,op = p$ setzen:

$$B_u = A - \frac{V\,(p^x - 1)\,p^{u-x} + V_1\,(p^{u-x} - 1)}{p^u - 1}$$

9*

oder

$$= A - \frac{V \cdot p^u (1-p^{-x}) + V_1 (p^u -1) p^{-x} + V_1 (p^{-x}-1)}{p^u -1}$$

$$= A - \frac{V\left[(p^u-1)(1-p^{-x}) + (1-p^{-x})\right] + V_1\left[(p^u-1)p^{-x} - (1-p^{-x})\right]}{p^u -1}$$

$$= A - V(1-p^{-x}) - \frac{V(1-p^{-x})}{p^u-1} - V_1 \cdot p^{-x} + \frac{V_1(1-p^{-x})}{p^u-1}$$

$$B_u = A - \left[V\left(1-\frac{1}{p^x}\right) + V_1 \cdot \frac{1}{p^x}\right] + \frac{(V_1-V)\left(1-\frac{1}{p^x}\right)}{p^u-1}.$$

Auf die Bestimmung der Grösse u, für welche B_u ein Maximum, ist das zweite Glied der rechten Seite unserer Gleichung:

$$V\left(1-\frac{1}{p^x}\right) + V_1 \cdot \frac{1}{p^x}$$

ohne Einfluss. Der Zähler des dritten Gliedes $(V_1-V)\left(1-\frac{1}{p^x}\right)$ $= m$ kann positiv und negativ sein. Der Factor $\left(1-\frac{1}{p_x}\right)$ ist, da $\frac{1}{p^x}$ stets < 1, positiv; der Factor (V_1-V) ist ebenfalls positiv, wenn wir annehmen, dass $V_1 > V$. Die Gleichung für das Maximum ist:

$$\frac{dB_u}{du} = \frac{dA}{du} - m \cdot \frac{p^u \cdot \log p}{(p^u-1)^2} = 0.$$

Hieraus folgt:

$$\frac{dA}{du} = \frac{m \cdot p^u \cdot \log p}{(p^u-1)^2} > 0,$$

denn auch der Ausdruck $\frac{p^u \cdot \log p}{(p^u-1)^2}$ ist positiv.

Die Umtriebszeit wird also in dem vorliegenden Falle stets niedriger liegen als dann, wenn die in Rede stehenden Kosten in jährlich gleicher Höhe von der Begründung des Bestandes an bis zu dessen Abtrieb verausgabt werden.

Der umgekehrte Fall würde eintreten, wenn die Kosten, welche man für den jungen Bestand aufzuwenden hat, grösser sind als diejenigen, welche der Nutzungsbetrieb erforderlich macht. Die Umtriebszeit würde höher liegen als die des Maximums von A. Denn wir hätten alsdann:

$$\frac{dA}{du} = m \cdot \frac{p^u \cdot \log p}{(p^u-1)^2} < 0.$$

Statt die Taylor'sche Reihe anzuwenden, könnte man auch in folgender Weise verfahren.

Setzen wir

$$B_u = m \cdot \alpha + (k-c)\,\beta + r,$$

so wird als Bedingung des Maximums*)

$$\frac{dB_u}{du} = m\,\frac{d\alpha}{du} + (k-c)\,\frac{d\beta}{du} = 0. \quad \ldots \quad 1.$$

Wir können nun in dieser Gleichung die Grössen m, k und c gleichzeitig als von einander unabhängige Variabeln ansehen. Denken wir uns, es werde $m = m_1$, $k = k_1$, $c = c_1$ und in Folge dessen, als Bedingung für die Gleichung 1, $u = u_1$, so hätten wir

$$m_1\,\frac{d\alpha}{du_1} + (k_1-c_1)\,\frac{d\beta}{du_1} - m\,\frac{d\alpha}{du} - (k-c)\,\frac{d\beta}{du} = 0$$

oder

$$(m_1-m)\,\frac{d\alpha}{du_1} + m\left(\frac{d\alpha}{du_1} - \frac{d\alpha}{du}\right) + \left(k_1 - k - (c_1-c)\right)\frac{d\beta}{du_1} +$$

$$(k-c)\left(\frac{d\beta}{du_1} - \frac{d\beta}{du}\right) = 0$$

oder

$$\lim\left[(m_1-m)\,\frac{d\alpha}{du_1} + m\,(u_1-u)\,\frac{\dfrac{d\alpha}{du_1} - \dfrac{d\alpha}{du}}{u_1-u}\right] +$$

$$\lim\left[(k_1 - k + c - c_1)\,\frac{d\beta}{du_1} + (k-c)(u_1-u)\cdot\frac{\dfrac{d\beta}{du_1} - \dfrac{d\beta}{du}}{u_1-u}\right] = 0.$$

Machen wir nun den Grenzübergang und bezeichnen wir die Differenzen (m_1-m), (u_1-u), (k_1-k) und (c_1-c) mit δm, δu, δk und δc, so haben wir:

$$\delta m \cdot \frac{d\alpha}{du} + (\delta k - \delta c)\,\frac{d\beta}{du} + m \cdot \frac{d^2\alpha}{du^2}\,\delta u + (k-c)\,\frac{d^2\beta}{du^2}\cdot\delta u = 0,$$

oder da

$$m\,\frac{d^2\alpha}{du^2} + (k-c)\,\frac{d^2\beta}{du^2} = \frac{d^2B_u}{du^2}$$

$$-\delta u \cdot \frac{d^2B_u}{du^2} = \delta m \cdot \frac{d\alpha}{du} + (\delta k - \delta c)\,\frac{d\beta}{du}. \quad \ldots \quad 2.$$

Nach Gleichung 1 ist aber

$$\frac{d\alpha}{du} = -\frac{k-c}{m}\cdot\frac{d\beta}{du}.$$

Demnach ist

$$-\delta u \cdot \frac{d^2B_u}{du^2} = \frac{d\beta}{du}\left\{-\delta m \cdot \frac{k-c}{m} + \delta k - \delta c\right\}.$$

---

*) Es wird ausdrücklich betont, dass wir hier nur ein wirkliches Maximum im Auge haben.

Die Ausdrücke $\frac{d^2 B_u}{d u^2}$ und $\frac{d\beta}{du}$ sind nun negativ. Setzen wir den Quotienten derselben gleich der positiven Grösse w, so erhalten wir:

$$w\delta u = \delta m \cdot \frac{k-c}{m} - \delta k + \delta c$$

oder

$$m \cdot w\delta u = \delta m \cdot (k-c) - m(\delta k - \delta c). \ldots \ 3.$$

u wächst mit c, dagegen sinkt es, wenn k steigt, auf der anderen Seite wird u kleiner mit c und wird grösser, wenn k kleiner wird. Wächst m, so steigt u, wenn $k > c$; dagegen würde u in Folge einer Zunahme von m kleiner werden, wenn $k < c$. Bei abnehmendem m würde im ersteren Falle auch u sinken, im zweiten würde es steigen.

Aus obiger Gleichung 3 erhalten wir nun auch

$$\frac{w \cdot \delta u}{k-c} = \frac{\delta m}{m} - \frac{\delta (k-c)}{k-c}.$$

Hieraus geht hervor, dass u ungeändert bleibt, wenn

$$\frac{\delta m}{m} = \frac{\delta (k-c)}{k-c},$$

d. h. wenn die Zunahme von m sich zu derjenigen von $k-c$ verhält wie m zu $k-c$. Dagegen wird u steigen oder fallen, sobald

$$\frac{\delta m}{m} \gtrless \frac{\delta (k-c)}{k-c}.$$

Würden wir von der Annahme ausgegangen sein, auch V sei eine Function von u, etwa in der Weise, wie es oben bereits geschehen, so würden wir erhalten haben

$$\frac{w \cdot \delta u}{k-c+V_1-V} = \frac{\delta m}{m} - \frac{\delta (k-c+V_1-V)}{k-c+V_1-V}.$$

Ertragstafel für Kiefer

und

Berechnung des Boden-Erwartungswerthes

für $p = 3$.

A Ertragstafel

für 1 Hectare Kiefernwald.

(Nach Burckhardts „Hülfstafeln", S. 215.)

Jahr	Zwischennutzung.			Bleibender Bestand.			Haubarkeitsnutzung.	
	Ertrag in Festmeter	Geldwerth pro Festmetern Groschen	Geldwerth im Ganzen Thaler	Ertrag in Festmetern	Geldwerth pro Festmeter Groschen	Geldwerth im Ganzen Thaler	Ertrag in Festmetern	Geldwerth Thaler
20	15,0	8	4,0	80,0	12	32,0	95,0	36,0
30	26,3	16	14,0	124,0	21	86,8	150,3	100,8
40	24,0	24	19,2	191,1	32	202,8	215,1	222,0
50	21,0	32	22,4	245,0	49	400,0	266,0	422,4
60	18,0	44	26,4	291,7	68	661,2	309,7	687,6
70	15,0	60	30,0	347,0	83	960,0	362,0	990,0
80	12,0	74	29,6	378,45	93	1173,2	390,45	1202,8
90	10,8	80	28,8	408,7	101	1376,0	419,5	1404,8
100	—	—	—	428,7	105	1500,0	428,7	1500,0

B. Berechnung des Boden-Erwartungswerthes. Zinsfuss 3%.

Eingangszeit. Jahr	Erlös. Thaler	Der Zwischennutzungen. Nachwerthe bis zum Jahre								
		20	30	40	50	60	70	80	90	100
20	4,0	—	5,3756	7,2244	9,7092	13,0480	17,5356	23,5664	31,6712	42,5636
30	14,0	—	—	18,8144	25,2852	33,9824	45,6680	61,3744	82,4824	110,8492
40	19,2	—	—	—	25,8028	34,6772	46,6040	62,6304	84,1708	113,1188
50	22,4	—	—	—	—	30,1032	40,4568	54,3716	73,0688	98,1992
60	26,4	—	—	—	—	—	35,4788	47,6812	64,0808	86,1168
70	30,0	—	—	—	—	—	—	40,3168	54,1828	72,8188
80	29,6	—	—	—	—	—	—	—	39,7796	53,4604
90	28,8	—	—	—	—	—	—	—	—	38,7044
100	—	—	—	—	—	—	—	—	—	—
Summe der Nachwerthe der Zwischennutzungen		—	5,3756	26,0388	60,7972	111,8108	185,7432	289,9408	429,4364	615,8312
Hauberkeitsertrag		36,0000	100,8000	222,0000	422,4000	687,6000	990,0000	1202,8000	1404,8000	1500,0000
Summe		36,0000	106,1756	248,0388	483,1972	799,4108	1175,7432	1492,7408	1834,2364	2115,8312
Nachwerth der Kulturkosten (c = 8 Thlr.)		14,4488	19,4184	26,0960	35,0712	47,1328	63,3424	85,1272	114,4040	153,7488
Unterschied		21,5512	86,7572	221,9428	448,1260	752,2780	1112,4008	1407,6136	1719,8324	1962,0824
Bodenwerth einschliesslich der jährlichen Kosten		26,7344	60,7820	98,1208	132,4212	153,7656	160,8532	145,9696	129,3312	107,7184
Kapitalwerth der jährlichen Kosten (v = 1,2 Thlr.)		40,0000	40,0000	40,0000	40,0000	40,0000	40,0000	40,0000	40,0000	40,0000
Unterschied = reiner Bodenkapitalwerth (v = 1,2 Thlr.)		-13,2656	20,7820	58,1208	92,4212	113,7656	120,8532	105,9696	89,3312	67,7184

Factoren

für die Zinsrechnung.

Tafel I.   Factor $1{,}0p^n$.

Tafel II.   Factor $\dfrac{1}{1{,}0p^n}$.

Tafel III.   Factor $\dfrac{1}{1{,}0p - 1}$.

Tafel I. Factor $1{,}0p^n$.

Jahr	Prozent				
	$\frac{1}{2}$	1	$1\frac{1}{2}$	2	$2\frac{1}{2}$
1	1,0050	1,0100	1,0150	1,0200	1,0250
2	1,0100	1,0201	1,0302	1,0404	1,0506
3	1,0151	1,0303	1,0457	1,0612	1,0769
4	1,0202	1,0406	1,0614	1,0824	1,1038
5	1,0253	1,0510	1,0773	1,1041	1,1314
6	1,0304	1,0615	1,0934	1,1262	1,1597
7	1,0355	1,0721	1,1098	1,1487	1,1887
8	1,0407	1,0829	1,1265	1,1717	1,2184
9	1,0459	1,0937	1,1434	1,1951	1,2489
10	1,0511	1,1046	1,1605	1,2190	1,2801
11	1,0564	1,1157	1,1779	1,2434	1,3121
12	1,0617	1,1268	1,1956	1,2682	1,3449
13	1,0670	1,1381	1,2136	1,2936	1,3785
14	1,0723	1,1495	1,2318	1,3195	1,4130
15	1,0777	1,1610	1,2502	1,3459	1,4483
16	1,0831	1,1726	1,2690	1,3728	1,4845
17	1,0885	1,1843	1,2880	1,4002	1,5216
18	1,0939	1,1961	1,3073	1,4282	1,5597
19	1,0994	1,2081	1,3270	1,4568	1,5986
20	1,1049	1,2202	1,3469	1,4859	1,6386
21	1,1104	1,2324	1,3671	1,5157	1,6796
22	1,1160	1,2447	1,3876	1,5460	1,7216
23	1,1216	1,2572	1,4084	1,5769	1,7646
24	1,1272	1,2697	1,4295	1,6084	1,8087
25	1,1328	1,2824	1,4509	1,6406	1,8539
26	1,1385	1,2953	1,4727	1,6734	1,9003
27	1,1442	1,3082	1,4948	1,7069	1,9478
28	1,1499	1,3213	1,5172	1,7410	1,9965
29	1,1556	1,3345	1,5400	1,7758	2,0464
30	1,1614	1,3478	1,5631	1,8114	2,0976

Tafel I. Factor $1,0p^n$.

Jahr	Prozent				
	3	$3\frac{1}{2}$	4	$4\frac{1}{2}$	5
1	1,0300	1,0350	1,0400	1,0450	1,0500
2	1,0609	1,0712	1,0816	1,0920	1,1025
3	1,0927	1,1087	1,1249	1,1412	1,1576
4	1,1255	1,1475	1,1699	1,1925	1,2155
5	1,1593	1,1877	1,2167	1,2462	1,2763
6	1,1941	1,2293	1,2653	1,3023	1,3401
7	1,2299	1,2723	1,3159	1,3609	1,4071
8	1,2668	1,3168	1,3686	1,4221	1,4775
9	1,3048	1,3629	1,4233	1,4861	1,5513
10	1,3439	1,4106	1,4802	1,5530	1,6289
11	1,3842	1,4600	1,5395	1,6229	1,7103
12	1,4258	1,5111	1,6010	1,6959	1,7959
13	1,4685	1,5640	1,6651	1,7722	1,8856
14	1,5126	1,6187	1,7317	1,8519	1,9799
15	1,5580	1,6753	1,8009	1,9353	2,0789
16	1,6047	1,7340	1,8730	2,0224	2,1829
17	1,6528	1,7947	1,9479	2,1134	2,2920
18	1,7024	1,8575	2,0258	2,2085	2,4066
19	1,7535	1,9225	2,1068	2,3079	2,5269
20	1,8061	1,9898	2,1911	2,4117	2,6533
21	1,8603	2,0594	2,2788	2,5202	2,7860
22	1,9161	2,1315	2,3699	2,6337	2,9253
23	1,9736	2,2061	2,4647	2,7522	3,0715
24	2,0328	2,2833	2,5633	2,8760	3,2251
25	2,0938	2,3632	2,6658	3,0054	3,3864
26	2,1566	2,4460	2,7725	3,1407	3,5557
27	2,2213	2,5316	2,8834	3,2820	3,7335
28	2,2879	2,6202	2,9987	3,4297	3,9201
29	2,3566	2,7119	3,1186	3,5840	4,1161
30	2,4273	2,8068	3,2434	3,7453	4,3219

Tafel I.   Factor $1,0p^n$.

Jahr	Prozent				
	$\frac{1}{2}$	1	$1\frac{1}{2}$	2	$2\frac{1}{2}$
31	1,1672	1,3613	1,5865	1,8476	2,1500
32	1,1730	1,3749	1,6103	1,8845	2,2038
33	1,1789	1,3887	1,6345	1,9222	2,2589
34	1,1848	1,4026	1,6590	1,9607	2,3153
35	1,1907	1,4166	1,6839	1,9999	2,3732
36	1,1967	1,4308	1,7091	2,0399	2,4325
37	1,2027	1,4451	1,7348	2,0807	2,4933
38	1,2087	1,4595	1,7608	2,1223	2,5557
39	1,2147	1,4741	1,7872	2,1647	2,6196
40	1,2208	1,4889	1,8140	2,2080	2,6851
41	1,2269	1,5038	1,8412	2,2522	2,7522
42	1,2330	1,5188	1,8688	2,2972	2,8210
43	1,2392	1,5340	1,8969	2,3432	2,8915
44	1,2454	1,5493	1,9253	2,3901	2,9638
45	1,2516	1,5648	1,9542	2,4379	3,0379
46	1,2579	1,5805	1,9835	2,4866	3,1139
47	1,2642	1,5963	2,0133	2,5363	3,1917
48	1,2705	1,6122	2,0435	2,5871	3,2715
49	1,2768	1,6283	2,0741	2,6388	3,3533
50	1,2832	1,6446	2,1052	2,6916	3,4371
51	1,2896	1,6611	2,1368	2,7454	3,5230
52	1,2961	1,6777	2,1689	2,8003	3,6111
53	1,3026	1,6945	2,2014	2,8563	3,7014
54	1,3091	1,7114	2,2344	2,9135	3,7939
55	1,3156	1,7285	2,2679	2,9717	3,8888
56	1,3222	1,7458	2,3020	3,0312	3,9860
57	1,3288	1,7633	2,3365	3,0918	4,0856
58	1,3355	1,7809	2,3715	3,1536	4,1878
59	1,3421	1,7987	2,4071	3,2167	4,2925
60	1,3489	1,8167	2,4432	3,2810	4,3998
61	1,3556	1,8349	2,4799	3,3467	4,5098
62	1,3624	1,8532	2,5171	3,4136	4,6225
63	1,3692	1,8717	2,5548	3,4819	4,7381
64	1,3760	1,8905	2,5931	3,5515	4,8565
65	1,3829	1,9094	2,6320	3,6225	4,9780
66	1,3898	1,9285	2,6715	3,6950	5,1024
67	1,3968	1,9477	2,7116	3,7689	5,2300
68	1,4038	1,9672	2,7523	3,8443	5,3607
69	1,4108	1,9869	2,7936	3,9211	5,4947
70	1,4178	2,0068	2,8355	3,9996	5,6321

Tafel I. Factor $1,0p^n$.

Jahr	Prozent				
	3	$3\frac{1}{2}$	4	$4\frac{1}{2}$	5
31	2,5001	2,9050	3,3731	3,9139	4,5380
32	2,5751	3,0067	3,5081	4,0900	4,7649
33	2,6523	3,1119	3,6484	4,2740	5,0032
34	2,7319	3,2209	3,7943	4,4664	5,2533
35	2,8139	3,3336	3,9461	4,6673	5,5160
36	2,8983	3,4503	4,1039	4,8774	5,7918
37	2,9852	3,5710	4,2681	5,0969	6,0814
38	3,0748	3,6960	4,4388	5,3262	6,3855
39	3,1670	3,8254	4,6164	5,5659	6,7047
40	3,2620	3,9593	4,8010	5,8164	7,0400
41	3,3599	4,0978	4,9931	6,0781	7,3920
42	3,4607	4,2413	5,1928	6,3516	7,7616
43	3,5645	4,3897	5,4005	6,6374	8,1497
44	3,6714	4,5433	5,6165	6,9361	8,5571
45	3,7816	4,7024	5,8412	7,2482	8,9850
46	3,8950	4,8669	6,0748	7,5744	9,4343
47	4,0119	5,0373	6,3178	7,9153	9,9060
48	4,1322	5,2136	6,5705	8,2715	10,4013
49	4,2562	5,3961	6,8333	8,6437	10,9213
50	4,3839	5,5849	7,1067	9,0326	11,4674
51	4,5154	5,7804	7,3909	9,4391	12,0408
52	4,6509	5,9827	7,6866	9,8639	12,6428
53	4,7904	6,1921	7,9940	10,3077	13,2749
54	4,9341	6,4088	8,3138	10,7716	13,9387
55	5,0821	6,6331	8,6464	11,2563	14,6356
56	5,2346	6,8653	8,9922	11,7628	15,3674
57	5,3916	7,1056	9,3519	12,2922	16,1358
58	5,5534	7,3543	9,7260	12,8453	16,9426
59	5,7200	7,6117	10,1150	13,4234	17,7897
60	5,8916	7,8781	10,5196	14,0274	18,6702
61	6,0683	8,1538	10,9404	14,6586	19,6131
62	6,2504	8,4392	11,3780	15,3183	20,5938
63	6,4379	8,7346	11,8331	16,0076	21,6235
64	6,6310	9,0403	12,3065	16,7279	22,7047
65	6,8300	9,3567	12,7987	17,4807	23,8399
66	7,0349	9,6842	13,3107	18,2673	25,0319
67	7,2459	10,0231	13,8431	19,0894	26,2835
68	7,4633	10,3739	14,3968	19,9484	27,5977
69	7,6872	10,7370	14,9727	20,8461	28,9775
70	7,9178	11,1128	15,5716	21,7841	30,4264

Tafel I. Factor $1,0p^n$.

Jahr	Prozent				
	½	1	1½	2	2½
71	1,4249	2,0268	2,8780	4,0795	5,7729
72	1,4320	2,0471	2,9212	4,1611	5,9172
73	1,4392	2,0676	2,9650	4,2444	6,0652
74	1,4464	2,0882	3,0094	4,3292	6,2168
75	1,4536	2,1091	3,0546	4,4158	6,3722
76	1,4609	2,1302	3,1004	4,5042	6,5315
77	1,4682	2,1515	3,1469	4,5942	6,6948
78	1,4755	2,1730	3,1941	4,6861	6,8622
79	1,4829	2,1948	3,2420	4,7798	7,0338
80	1,4903	2,2167	3,2907	4,8754	7,2096
81	1,4978	2,2389	3,3400	4,9729	7,3898
82	1,5053	2,2613	3,3901	5,0724	7,5746
83	1,5128	2,2839	3,4410	5,1739	7,7639
84	1,5204	2,3067	3,4926	5,2773	7,9580
85	1,5280	2,3298	3,5450	5,3829	8,1570
86	1,5356	2,3531	3,5982	5,4905	8,3609
87	1,5433	2,3766	3,6521	5,6003	8,5699
88	1,5510	2,4004	3,7069	5,7124	8,7842
89	1,5588	2,4244	3,7625	5,8266	9,0038
90	1,5666	2,4486	3,8189	5,9431	9,2289
91	1,5744	2,4731	3,8762	6,0620	9,4596
92	1,5823	2,4978	3,9344	6,1832	9,6961
93	1,5902	2,5228	3,9934	6,3069	9,9385
94	1,5981	2,5481	4,0533	6,4330	10,1869
95	1,6061	2,5736	4,1141	6,5617	10,4416
96	1,6141	2,5993	4,1758	6,6929	10,7026
97	1,6222	2,6253	4,2384	6,8268	10,9702
98	1,6303	2,6515	4,3020	6,9633	11,2445
99	1,6385	2,6780	4,3665	7,1026	11,5256
100	1,6476	2,7048	4,4320	7,2446	11,8137
101	1,6549	2,7319	4,4985	7,3895	12,1091
102	1,6632	2,7592	4,5660	7,5373	12,4119
103	1,6715	2,7868	4,6345	7,6881	12,7221
104	1,6798	2,8146	4,7040	7,8418	13,0401
105	1,6882	2,8428	4,7746	7,9987	13,3662
106	1,6967	2,8712	4,8462	8,1586	13,7003
107	1,7052	2,8999	4,9189	8,3218	14,0428
108	1,7137	2,9289	4,9927	8,4883	14,3939
109	1,7223	2,9582	5,0676	8,6580	14,7534
110	1,7309	2,9878	5,1436	8,8312	15,1226

Tafel I. Factor $1{,}0p^n$.

Jahr	Prozent				
	3	3½	4	4½	5
71	8,1554	11,5018	16,1945	22,7644	31,9477
72	8,4000	11,9043	·16,8423	23,7888	33,5451
73	8,6520	12,3210	17,5160 .	24,8593	35,2224
74	8,9116	12,7522	18,2166	25,9780	36,9835
75	9,1789	13,1985	18,9452	27,1470	38,8327
76	9,4543	13,6605	19,7031	28,3686	40,7743
77	9,7379	14,1386	20,4912	29,6452	42,8130
78	10,0301	14,6335	21,3108	30,9792	44,9537
79	10,3310	15,1456	22,1633	32,3733	47,2014
80	10,6409	15,6757	23,0498	33,8301	49,5614
81	10,9601	16,2244	23,9718	35,3525	52,0395
82	11,2889	16,7922	24,9307	36,9433	54,6415
83	11,6276	17,3800	25,9279	38,6058	57,3736
84	11,9764	17,9883	26,9650	40,3430	60,2422
85	12,3357	18,6179	28,0436	42,1585	63,2544
86	12,7058	19,2695	29,1653	44,0556	66,4171
87	13,0869	19,9439	30,3320	46,0381	69,7379
88	13,4796	20,6420	31,5452	48,1098	73,2248
89	13,8839	21,3644	32,8071	50,2747	76,8861
90	14,3005	22,1122	34,1193	52,5371	80,7304
91	14,7295	22,8861	35,4841	54,9013	84,7669
92	15,1714	23,6871	36,9035	57,3718	89,0052
93	15,6265	24,5162	38,3796	59,9536	93,4555
94	16,0953	25,3742	39,9148	62,6515	98,1283
95	16,5782	26,2623	41,5114	65,4708	103,0347
96	17,0755	27,1815	43,1718	68,4170	108,1864
97	17,5878	28,1329	44,8987	71,4957	113,5957
98	18,1154	29,1175	46,6947	74,7130	119,2755
99	18,6589	30,1366	48,5624	78,0751	125,2393
100	19,2186	31,1914	50,5049	81,5885	131,5013
101	19,7952	32,2831	52,5251	85,2600	138,0763
102	20,3890	33,4130	54,6262	89,0967	144,9801
103	21,0007	34,5825	56,8112	93,1061	152,2291
104	21,6307	35,7929	59,0836	97,2958	159,8406
105	22,2797	37,0456	61,4470	101,6741	167,8326
106	22,9480	38,3422	63,9049	106,2495	176,2243
107	23,6365	39,6842	66,4611	111,0307	185,0355
108	24,3456	41,0731	69,1195	116,0271	194,2872
109	25,0760	42,5107	71,8843	121,2483	204,0016
110	25,8282	43,9986	74,7597	126,7045	214,2017

Tafel I. Factor $1,0p^n$.

Jahr	Prozent				
	½	1	1½	2	2½
111	1,7395	3,0177	5,2207	9,0078	15,5006
112	1,7482	3,0479	5,2990	9,1880	15,8881
113	1,7570	3,0783	5,3785	9,3717	16,2853
114	1,7658	3,1091	5,4592	9,5592	16,6925
115	1,7746	3,1402	5,5411	9,7503	17,1098
116	1,7835	3,1716	5,6242	9,9453	17,5375
117	1,7924	3,2033	5,7086	10,1443	17,9760
118	1,8013	3,2354	5,7942	10,3471	18,4254
119.	1,8103	3,2677	5,8811	10,5541	18,8860
120	1,8194	3,3004	5,9693	10,7652	19,3581
130	1,9125	3,6457	6,9276	13,1227	24,7801
140	2,0102	4,0271	8,0398	15,9965	31,7206
150	2,1130	4,4484	9,3305	19,4996	40,6050
160	2,2211	4,9138	10,8285	23,7699	51,9779
170	2,3347	5,4279	12,5669	28,9754	66,5361
180	2,4541	5,9958	14,5844	35,3208	85,1718
190	2,5796	6,6231	16,9258	43,0559	109,0271
200	2,7115	7,3160	19,6430	52,4849	139,5639

Tafel I.   Factor 1,0p".

Jahr	Prozent				
	3	3½	4	4½	5
111	26,6031	45,5385	77,7500	132,4062	224,9118
112	27,4012	47,1324	80,8600	138,3645	236,1574
113	28,2232	48,7820	84,0944	144,5909	247,9652
114	29,0699	50,4894	87,4583	151,0974	260,3635
115	29,9420	52,2565	90,9566	157,8968	273,3817
116	30,8403	54,0855	94,5948	165,0022	287,0508
117	31,7655	55,9785	98,3786	172,4273	301,4033
118	32,7184	57,9377	102,3138	180,1865	316,4735
119	33,7000	59,9655	106,4063	188,2949	332,2971
120	34,7110	62,0643	110,6626	196,7682	348,9120
130	46,6486	87,5478	163,8076	305,5750	568,3409
140	62,6919	123,4949	242,4753	474,5486	925,7674
150	84,2527	174,2017	358,9227	736,9594	1507,9775
160	113,2286	245,7287	531,2932	1144,4754	2456,3364
170	152,1697	346,6247	786,4438	1777,3353	4001,1133
180	204,5033	488,9484	1164,1289	2760,1474	6517,3918
190	274,8354	689,7100	1723,1912	4286,4245	10616,1446
200	369,3558	972,9039	2550,7498	6656,6863	17292,5808

10*

Tafel II.   Factor $\dfrac{1}{1{,}0\mathrm{p}^n}$.

Jahr	Prozent				
	$\frac{1}{2}$	1	$1\frac{1}{2}$	2	$2\frac{1}{2}$
1	0,9950	0,9901	0,9852	0,9804	0,9756
2	0,9900	0,9803	0,9707	0,9612	0,9518
3	0,9851	0,9706	0,9563	0,9423	0,9286
4	0,9802	0,9610	0,9422	0,9238	0,9060
5	0,9754	0,9515	0,9283	0,9057	0,8839
6	0,9705	0,9420	0,9145	0,8880	0,8623
7	0,9657	0,9327	0,9010	0,8706	0,8413
8	0,9609	0,9235	0,8877	0,8535	0,8207
9	0,9561	0,9143	0,8746	0,8368	0,8007
10	0,9513	0,9053	0,8617	0,8203	0,7812
11	0,9466	0,8963	0,8489	0,8043	0,7621
12	0,9419	0,8874	0,8364	0,7885	0,7436
13	0,9372	0,8787	0,8240	0,7730	0,7254
14	0,9326	0,8700	0,8118	0,7579	0,7077
15	0,9279	0,8613	0,7999	0,7430	0,6905
16	0,9233	0,8528	0,7880	0,7284	0,6736
17	0,9187	0,8444	0,7764	0,7142	0,6572
18	0,9141	0,8360	0,7649	0,7002	0,6412
19	0,9096	0,8277	0,7536	0,6864	0,6255
20	0,9051	0,8195	0,7425	0,6730	0,6103
21	0,9006	0,8114	0,7315	0,6598	0,5954
22	0,8961	0,8034	0,7207	0,6468	0,5809
23	0,8916	0,7954	0,7100	0,6342	0,5667
24	0,8872	0,7876	0,6995	0,6217	0,5529
25	0,8828	0,7798	0,6892	0,6095	0,5394
26	0,8784	0,7720	0,6790	0,5976	0,5262
27	0,8740	0,7644	0,6690	0,5859	0,5134
28	0,8697	0,7568	0,6591	0,5744	0,5009
29	0,8653	0,7493	0,6494	0,5631	0,4887
30	0,8610	0,7419	0,6398	0,5521	0,4767

Tafel II.   Factor $\dfrac{1}{1{,}0p^n}$.

Jahr	Prozent.				
	3	3½	4	4½	5
1	0,9709	0,9662	0,9615	0,9569	0,9524
2	0,9426	0,9335	0,9246	0,9157	0,9070
3	0,9151	0,9019	0,8890	0,8763	0,8638
4	0,8885	0,8714	0,8548	0,8386	0,8227
5	0,8626	0,8420	0,8219	0,8025	0,7835.
6	0,8375	0,8135	0,7903	0,7679	0,7462
7	0,8131	0,7860	0,7599	0,7348	0,7107
8	0,7894	0,7594	0,7307	0,7032	0,6768
9	0,7664	0,7337	0,7026	0,6729	0,6446
10	0,7441	0,7089	0,6756	0,6439	0,6139
11	0,7224	0,6849	0,6496	0,6162	0,5847
12	0,7014	0,6618	0,6246	0,5897	0,5568
13	0,6810	0,6394	0,6006	0,5643	0,5303
14	0,6611	0,6178	0,5775	0,5400	0,5051
15	0,6419	0,5969	0,5553	0,5167	0,4810
16	0,6232	0,5767	0,5339	0,4945	0,4581
17	0,6050	0,5572	0,5134	0,4732	0,4363
18	0,5874	0,5384	0,4936	0,4528	0,4155
19	0,5703	0,5202	0,4746	0,4333	0,3957
20	0,5537	0,5026	0,4564	0,4146	0,3769
21	0,5375	0,4856	0,4388	0,3968	0,3589
22	0,5219	0,4692	0,4220	0,3797	0,3418
23	0,5067	0,4533	0,4057	0,3633	0,3256
24	0,4919	0,4380	0,3901	0,3477	0,3101
25	0,4776	0,4231	0,3751	0,3327	0,2953
26	0,4637	0,4088	0,3607	0,3184	0,2812
27	0,4502	0,3950	0,3468	0,3047	0,2678
28	0,4371	0,3817	0,3335	0,2916	0,2551
29	0,4243	0,3687	0,3207	0,2790	0,2429
30	0,4120	0,3563	0,3083	0,2670	0,2314

Tafel II.   Factor $\frac{1}{1,0p^n}$.

Jahr	Prozent				
	$\frac{1}{2}$	1	$1\frac{1}{2}$	2	$2\frac{1}{2}$
31	0,8567	0,7346	0,6303	0,5412	0,4651
32	0,8525	0,7273	0,6210	0,5306	0,4538
33	0,8482	0,7201	0,6118	0,5202	0,4427
34	0,8440	0,7130	0,6028	0,5100	0,4319
35	0,8398	0,7059	0,5939	0,5000	0,4214
36	0,8356	0,6989	0,5851	0,4902	0,4111
37	0,8315	0,6920	0,5764	0,4806	0,4011
38	0,8273	0,6852	0,5679	0,4712	0,3913
39	0,8232	0,6784	0,5595	0,4619	0,3817
40	0,8191	0,6717	0,5513	0,4529	0,3724
41	0,8151	0,6650	0,5431	0,4440	0,3633
42	0,8110	0,6584	0,5351	0,4353	0,3545
43	0,8070	0,6519	0,5272	0,4268	0,3458
44	0,8030	0,6454	0,5194	0,4184	0,3374
45	0,7990	0,6391	0,5117	0,4102	0,3292
46	0,7950	0,6327	0,5042	0,4022	0,3211
47	0,7910	0,6265	0,4967	0,3943	0,3133
48	0,7871	0,6203	0,4894	0,3865	0,3057
49	0,7832	0,6141	0,4821	0,3790	0,2982
50	0,7793	0,6080	0,4750	0,3715	0,2909
51	0,7754	0,6020	0,4680	0,3642	0,2838
52	0,7715	0,5961	0,4611	0,3571	0,2769
53	0,7677	0,5902	0,4543	0,3501	0,2702
54	0,7639	0,5843	0,4475	0,3432	0,2636
55	0,7601	0,5785	0,4409	0,3365	0,2572
56	0,7563	0,5728	0,4344	0,3299	0,2509
57	0,7525	0,5671	0,4280	0,3234	0,2448
58	0,7488	0,5615	0,4217	0,3171	0,2388
59	0,7451	0,5560	0,4154	0,3109	0,2330
60	0,7414	0,5504	0,4093	0,3048	0,2273
61	0,7377	0,5450	0,4032	0,2988	0,2217
62	0,7340	0,5396	0,3973	0,2929	0,2163
63	0,7304	0,5343	0,3914	0,2872	0,2111
64	0,7267	0,5290	0,3856	0,2816	0,2059
65	0,7231	0,5237	0,3799	0,2760	0,2009
66	0,7195	0,5185	0,3743	0,2706	0,1960
67	0,7159	0,5134	0,3688	0,2653	0,1912
68	0,7124	0,5083	0,3633	0,2601	0,1865
69	0,7088	0,5033	0,3580	0,2550	0,1820
70	0,7053	0,4983	0,3527	0,2500	0,1776

Jahr	Prozent				
	3	3½	4	4½	5
31	0,4000	0,3442	0,2965	0,2555	0,2204
32	0,3883	0,3326	0,2851	0,2445	0,2099
33	0,3770	0,3213	0,2741	0,2340	0,1999
34	0,3660	0,3105	0,2636	0,2239	0,1904
35	0,3554	0,3000	0,2534	0,2143	0,1813
36	0,3450	0,2898	0,2437	0,2050	0,1727
37	0,3350	0,2800	0,2343	0,1962	0,1644
38	0,3252	0,2706	0,2253	0,1878	0,1566
39	0,3158	0,2614	0,2166	0,1797	0,1491
40	0,3066	0,2526	0,2083	0,1719	0,1420
41	0,2976	0,2440	0,2003	0,1645	0,1353
42	0,2890	0,2358	0,1926	0,1574	0,1288
43	0,2805	0,2278	0,1852	0,1507	0,1227
44	0,2724	0,2201	0,1780	0,1442	0,1169
45	0,2644	0,2127	0,1712	0,1380	0,1113
46	0,2567	0,2055	0,1646	0,1320	0,1060
47	0,2493	0,1985	0,1583	0,1263	0,1009
48	0,2420	0,1918	0,1522	0,1209	0,09614
49	0,2350	0,1853	0,1463	0,1157	0,09156
50	0,2281	0,1791	0,1407	0,1107	0,08720
51	0,2215	0,1730	0,1353	0,1059	0,08305
52	0,2150	0,1671	0,1301	0,1014	0,07910
53	0,2088	0,1615	0,1251	0,09701	0,07533
54	0,2027	0,1560	0,1203	0,09284	0,07174
55	0,1968	0,1508	0,1157	0,08884	0,06833
56	0,1910	0,1457	0,1112	0,08501	0,06507
57	0,1855	0,1407	0,1069	0,08135	0,06197
58	0,1801	0,1360	0,1028	0,07785	0,05902
59	0,1748	0,1314	0,09886	0,07450	0,05621
60	0,1697	0,1269	0,09506	0,07129	0,05354
61	0,1648	0,1226	0,09140	0,06822	0,05099
62	0,1600	0,1185	0,08789	0,06528	0,04856
63	0,1553	0,1145	0,08451	0,06247	0,04625
64	0,1508	0,1106	0,08126	0,05978	0,04404
65	0,1464	0,1069	0,07813	0,05721	0,04195
66	0,1421	0,1033	0,07513	0,05474	0,03995
67	0,1380	0,09977	0,07224	0,05239	0,03805
68	0,1340	0,09640	0,06946	0,05013	0,03623
69	0,1301	0,09314	0,06679	0,04797	0,03451
70	0,1263	0,08999	0,06422	0,04591	0,03287

Tafel II. Factor $\frac{1}{1,0p^n}$.

Jahr	Prozent				
	½	1	1½	2	2½
71	0,7018	0,4934	0,3475	0,2451	0,1732
72	0,6983	0,4885	0,3423	0,2403	0,1690
73	0,6948	0,4837	0,3373	0,2356	0,1649
74	0,6914	0,4789	0,3323	0 2310	0,1609
75	0,6879	0,4741	0,3274	0,2265	0,1569
76	0,6845	0,4694	0,3225	0,2220	0,1531
77	0,6811	0,4648	0,3178	0,2177	0,1494
78	0,6777	0,4602	0,3131	0,2134	0,1457
79	0,6743	0,4556	0,3084	0,2092	0,1422
80	0,6710	0,4511	0,3039	0,2051	0,1387
81	0,6676	0,4467	0,2994	0,2011	0,1353
82	0,6643	0,4422	0,2950	0,1971	0,1320
83	0,6610	0,4378	0,2906	0,1933	0,1288
84	0,6577	0,4335	0,2863	0,1895	0,1257
85	0,6545	0,4292	0,2821	0,1858	0,1226
86	0,6512	0,4250	0,2779	0,1821	0,1196
87	0,6480	0,4208	0,2738	0,1786	0,1167
88	0,6447	0,4166	0,2698	0,1751	0,1138
89	0,6415	0,4125	0,2658	0,1716	0,1111
90	0,6383	0,4084	0,2619	0,1683	0,1084
91	0,6352	0,4043	0,2580	0,1650	0,1057
92	0,6320	0,4003	0,2542	0,1617	0,1031
93	0,6289	0,3964	0,2504	0,1586	0,1006
94	0,6257	0,3925	0,2467	0,1554	0,09817
95	0,6226	0,3886	0,2431	0,1524	0,09577
96	0,6195	0,3847	0,2395	0,1494	0,09344
97	0,6164	0,3809	0,2359	0,1465	0,09116
98	0,6134	0,3771	0,2324	0,1436	0,08893
99	0,6103	0,3734	0,2290	0,1408	0,08676
100	0,6069	0,3697	0,2256	0,1380	0,08465
101	0,6043	0,3661	0,2223	0,1353	0,08258
102	0,6013	0,3624	0,2190	0,1327	0,08006
103	0,5983	0,3588	0,2158	0,1301	0,07860
104	0,5953	0,3553	0,2126	0,1275	0,07669
105	0,5923	0,3518	0,2094	0,1250	0,07482
106	0,5894	0,3483	0,2063	0,1226	0,07299
107	0,5864	0,3448	0,2033	0,1202	0,07121
108	0,5835	0,3414	0,2003	0,1178	0,06947
109	0,5806	0,3380	0,1973	0,1155	0,06778
110	0,5777	0,3347	0,1944	0,1132	0,06612

Jahr	Prozent				
	3	3½	4	4½	5
71	0,1226	0,08694	0,06175	0,04393	0,03130
72	0,1190	0,08400	0,05937	0,04204	0,02981
73	0,1156	0,08116	0,05709	0,04023	0,02839
74	0,1122	0,07842	0,05489	0,03849	0,02704
75	0,1089	0,07577	0,05278	0,03684	0,02575
76	0,1058	0,07320	0,05075	0,03525	0,02453
77	0,1027	0,07073	0,04880	0,03373	0,02336
78	0,09970	0,06834	0,04692	0,03228	0,02225
79	0,09680	0,06603	0,04512	0,03089	0,02119
80	0,09398	0,06379	0,04338	0,02956	0,02018
81	0,09124	0,06164	0,04172	0,02829	0,01922
82	0,08858	0,05955	0,04011	0,02707	0,01830
83	0,08600	0,05754	0,03857	0,02590	0,01743
84	0,08350	0,05559	0,03709	0,02479	0,01660
85	0,08107	0,05371	0,03566	0,02372	0,01581
86	0,07870	0,05190	0,03429	0,02270	0,01506
87	0,07641	0,05014	0,03297	0,02172	0,01434
88	0,07419	0,04845	0,03170	0,02079	0,01366
89	0,07203	0,04681	0,03048	0,01989	0,01301
90	0,06993	0,04522	0,02931	0,01903	0,01239
91	0,06789	0,04369	0,02818	0,01821	0,01180
92	0,06591	0,04222	0,02710	0,01743	0,01123
93	0,06399	0,04079	0,02606	0,01668	0,01070
94	0,06213	0,03941	0,02505	0,01596	0,01019
95	0,06032	0,03808	0,02409	0,01527	0,009705
96	0,05856	0,03679	0,02316	0,01462	0,009244
97	0,05686	0,03555	0,02227	0,01399	0,008803
98	0,05520	0,03434	0,02142	0,01338	0,008384
99	0,05359	0,03318	0,02059	0,01281	0,007985
100	0,05203	0,03206	0,01980	0,01226	0,007605
101	0,05052	0,03098	0,01904	0,01173	0,007242
102	0,04905	0,02993	0,01831	0,01122	0,006898
103	0,04762	0,02892	0,01760	0,01074	0,006569
104	0,04623	0,02794	0,01693	0,01028	0,006256
105	0,04488	0,02699	0,01627	0,009835	0,005958
106	0,04358	0,02608	0,01565	0,009412	0,005675
107	0,04231	0,02520	0,01504	0,009007	0,005404
108	0,04108	0,02435	0,01447	0,008619	0,005147
109	0,03988	0,02352	0,01391	0,008248	0,004902
110	0,03872	0,02273	0,01338	0,007892	0,004669

Jahr	Prozent				
	½	1	1½	2	2½
111	0,5749	0,3314	0,1915	0,1110	0,06452
112	0,5720	0,3281	0,1887	0,1080	0,06294
113	0,5692	0,3249	0,1859	0,1067	0,06145
114	0,5663	0,3216	0,1832	0,1046	0,05991
115	0,5635	0,3184	0,1805	0,1026	0,05845
116	0,5607	0,3153	0,1778	0,1005	0,05701
117	0,5579	0,3122	0,1752	0,09858	0,05563
118	0,5551	0,3091	0,1726	0,09665	0,05423
119	0,5524	0,3060	0,1700	0,09475	0,05295
120	0,5496	0,3030	0,1675	0,09289	0,05166
130	0,5229	0,2743	0,1443	0,07620	0,04035
140	0,4975	0,2483	0,1244	0,06251	0,03153
150	0,4732	0,2248	0,1072	0,05128	0,02463
160	0,4502	0,2035	0,09235	0,04207	0,01924
170	0,4283	0,1842	0,07957	0,03451	0,01503
180	0,4075	0,1668	0,06857	0,02831	0,01174
190	0,3877	0,1510	0,05908	0,02323	0,009172
200	0,3688	0,1367	0,05091	0,01905	0,007165

Jahr	Prozent				
	3	3½	4	4½	5
111	0,03759	0,02196	0,01286	0,007553	0,004446
112	0,03649	0,02122	0,01237	0,007227	0,004234
113	0,03543	0,02050	0,01189	0,006916	0,004033
114	0,03440	0,01981	0,01143	0,006618	0 003841
115	0,03340	0,01914	0,01099	0,006333	0,003658
116	0,03243	0,01849	0,01057	0,006061	0,003484
117	0,03148	0,01786	0,01016	0,005800	0,003318
118	0,03056	0,01726	0,009774	0,005550	0,003160
119	0,02967	0,01668	0,009398	0,005311.	0,003009
120	0,02881	0,01611	0,009036	0,005082	0,002866
130	0,02144	0,01142	0,006105	0,003273	0,001760
140	0,01595	0,008098	0,004124	0,002107	0,001080
150	0,01187	0,005740	0,002786	0,001357	0,0006631
160	0,008832	0,004070	0,001882	0,0008738	0,0004071
170	0,006572	0,002885	0,001272	0,0005626	0,0002499
180	0,004890	0,002045	0,0008590	0,0003623	0,0001534
190	0,003639	0,001450	0,0005803	0,0002333	0,00009419
200	0,002707	0,001028	0,0003920	0,0001502	0,00005784

Tafel III.   Factor $\dfrac{1}{1{,}0p^n-1}$.

Jahr	Prozent				
	$\frac{1}{2}$	1	$1\frac{1}{2}$	2	$2\frac{1}{2}$
1	200,0000	100,0000	66,6667	50,0000	40,0000
2	99,7506	49,7512	33,0852	24,7525	19,7531
3	66,3350	33,0022	21,8924	16,3377	13,0054
4	49,6266	24,6281	16,2963	12,1312	9,6327
5	39,6020	19,6040	12,9393	9,6079	7,6099
6	32,9191	16,2549	10,7017	7,9263	6,2620
7	28,1458	13,8629	9,1037	6,7256	5,2998
8	24,5658	12,0690	7,9056	5,8255	4,5787
9	21,7815	10,6741	6,9740	5,1258	4,0183
10	19,5537	9,5582	6,2289	4,5663	3,5703
11	17,7318	8,6454	5,6196	4,1089	3,2042
12	16,2133	7,8849	5,1120	3,7280	2,8995
13	14,9284	7,2415	4,6827	3,4059	2,6419
14	13,8272	6,6901	4,3149	3,1301	2,4215
15	12,8729	6,2124	3,9963	2,8913	2,2307
16	12,0379	5,7944	3,7177	2,6825	2,0640
17	11,3012	5,4258	3,4720	2,4985	1,9171
18	10,6463	5,0982	3,2537	2,3351	1,7868
19	10,0605	4,8052	3,0586	2,1891	1,6704
20	9,5333	4,5415	2,8830	2,0578	1,5659
21	9,0563	4,3031	2,7244	1,9392	1,4715
22	8,6227	4,0864	2,5802	1,8316	1,3859
23	8,2269	3,8886	2,4487	1,7334	1,3079
24	7,8642	3,7073	2,3283	1,6436	1,2365
25	7,5304	3,5407	2,2176	1,5610	1,1710
26	7,2223	3,3869	2,1155	1,4850	1,1107
27	6,9372	3,2446	2,0210	1,4147	1,0551
28	6,6724	3,1124	1,9334	1,3459	1,0035
29	6,4258	2,9895	1,8519	1,2889	0,9556
30	6,1958	2,8748	1,7759	1,2325	0,9111

Tafel III.   Factor $\dfrac{1}{1{,}0p^n-1}$.

Jahr	Prozent				
	3	$3\frac{1}{2}$	4	$4\frac{1}{2}$	5
1	33,3333	28,5714	25,0000	22,2222	20,0000
2	16,4204	14,0400	12,2549	10,8666	9,7561
3	10,7843	9,1981	8,0087	7,0839	6,3442
4	7,9676	6,7786	5,8873	5,1943	4,6402
5	6,2785	5,3280	4,6157	4,0620	3,6195
6	5,1333	4,3620	3,7690	3,3084	2,9403
7	4,3502	3,6727	3,1652	2,7711	2,4564
8	3,7485	3,1565	2,7132	2,3691	2,0944
9	3,2811	2,7556	2,3623	2,0572	1,8138
10	2,9077	2,4355	2,0823	1,8084	1,5901
11	2,6026	2,1741	1,8537	1,6055	1,4078
12	2,3487	1,9567	1,6638	1,4370	1,2565
13	2,1343	1,7732	1,5036	1,2950	1,1291
14	1,9509	1,6163	1,3667	1,1738	1,0205
15	1,7912	1,4807	1,2485	1,0692	0,9268
16	1,6537	1,3624	1,1455	0,9781	0,8454
17	1,5317	1,2584	1,0550	0,8982	0,7740
18	1,4236	1,1662	0,9748	0,8275	0,7109
19	1,3271	1,0840	0,9035	0,7646	0,6549
20	1,2405	1,0103	0,8395	0,7084	0,6049
21	1,1624	0,9439	0,7820	0,6578	0,5599
22	1,0916	0,8838	0,7300	0,6121	0,5194
23	1,0271	0,8291	0,6827	0,5707	0,4827
24	0,9682	0,7792	0,6397	0,5330	0,4494
25	0,9143	0,7335	0,6003	0,4986	0,4190
26	0,8646	0,6916	0,5642	0,4671	0,3913
27	0,8188	0,6529	0,5310	0,4382	0,3658
28	0,7764	0,6172	0,5003	0,4116	0,3424
29	0,7372	0,5842	0,4720	0,3870	0,3209
30	0,7006	0,5535	0,4458	0,3643	0,3010

Tafel III. Factor $\dfrac{1}{1{,}0\mathrm{p}^n - 1}$.

Jahr	Prozent				
	½	1	1½	2	2½
31	5,9806	2,7676	1,7050	1,1798	0,8696
32	5,7789	2,6671	1,6385	1,1305	0,8307
33	5,5895	2,5727	1,5761	1,0843	0,7944
34	5,4112	2,4840	1,5175	1,0409	0,7603
35	5,2431	2,4004	1,4622	1,0001	0,7282
36	5,0844	2,3214	1,4102	0,9616	0,6981
37	4,9343	2,2468	1,3610	0,9253	0,6696
38	4,7921	2,1762	1,3145	0,8910	0,6428
39	4,6572	2,1092	1,2703	0,8586	0,6174
40	4,5291	2,0456	1,2285	0,8278	0,5934
41	4,4072	1,9851	1,1887	0,7986	0,5707
42	4,2912	1,9276	1,1510	0,7709	0,5491
43	4,1806	1,8727	1,1150	0,7445	0,5287
44	4,0751	1,8204	1,0807	0,7195	0,5092
45	3,9742	1,7705	1,0480	0,6955	0,4907
46	3,8778	1,7228	1,0167	0,6727	0,4731
47	3,7855	1,6771	0,9869	0,6509	0,4563
48	3,6971	1,6334	0,9583	0,6301	0,4402
49	3,6120	1,5915	0,9310	0,6102	0,4249
50	3,5307	1,5513	0,9048	0,5912	0,4103
51	3,4525	1,5127	0,8796	0,5729	0,3963
52	3,3773	1,4756	0,8555	0,5555	0,3830
53	3,3050	1,4400	0,8324	0,5387	0,3702
54	3,2354	1,4057	0,8101	0,5226	0,3579
55	3,1683	1,3726	0,7887	0,5072	0,3462
56	3,1036	1,3408	0,7681	0,4923	0,3349
57	3,0412	1,3102	0,7482	0,4781	0,3241
58	2,9810	1,2806	0,7291	0,4643	0,3137
59	2,9228	1,2520	0,7107	0,4511	0,3037
60	2,8666	1,2244	0,6928	0,4384	0,2941
61	2,8122	1,1978	0,6757	0,4261	0,2849
62	2,7596	1,1720	0,6592	0,4143	0,2760
63	2,7087	1,1471	0,6432	0,4029	0,2675
64	2,6594	1,1230	0,6277	0,3919	0,2593
65	2,6116	1,0997	0,6127	0,3813	0,2514
66	2,5653	1,0770	0,5983	0,3711	0,2438
67	2,5203	1,0551	0,5843	0,3612	0,2364
68	2,4767	1,0339	0,5707	0,3516	0,2293
69	2,4344	1,0133	0,5576	0,3423	0,2225
70	2,3933	0,9933	0,5448	0,3334	0,2159

Jahr	Prozent				
	3	3½	4	4½	5
31	0,6666	0,5249	0,4214	0,3432	0,2826
32	0,6349	0,4983	0,3987	0,3236	0,2656
33	0,6052	0,4735	0,3776	0,3054	0,2498
34	0,5774	0,4503	0,3579	0,2885	0,2351
35	0,5513	0,4285	0,3394	0,2727	0,2214
36	0,5268	0,4081	0,3222	0,2579	0,2087
37	0,5037	0,3889	0,3060	0,2441	0,1968
38	0,4820	0,3709	0,2908	0,2311	0,1857
39	0,4615	0,3539	0,2765	0,2190	0,1753
40	0,4421	0,3379	0,2631	0,2076	0,1656
41	0,4237	0,3228	0,2504	0,1969	0,1564
42	0,4064	0,3085	0,2385	0,1869	0,1479
43	0,3899	0,2950	0,2272	0,1774	0,1399
44	0,3743	0,2822	0,2166	0,1685	0,1323
45	0,3595	0,2701	0,2066	0,1600	0,1252
46	0,3454	0,2586	0,1971	0,1521	0,1186
47	0,3320	0,2477	0,1880	0,1446	0,1123
48	0,3193	0,2373	0,1795	0,1375	0,1064
49	0,3071	0,2275	0,1714	0,1308	0,1008
50	0,2955	0,2181	0,1638	0,1245	0,09553
51	0,2845	0,2092	0,1565	0,1185	0,09057
52	0,2739	0,2007	0,1496	0,1128	0,08589
53	0,2638	0,1926	0,1430	0,1074	0,08148
54	0,2542	0,1849	0,1367	0,1023	0,07729
55	0,2450	0,1775	0,1308	0,09750	0,07334
56	0,2361	0,1705	0,1251	0,09291	0,06960
57	0,2277	0,1638	0,1197	0,08856	0,06607
58	0,2196	0,1574	0,1146	0,08442	0,06273
59	0,2119	0,1512	0,1097	0,08049	0,05956
60	0,2044	0,1454	0,1050	0,07676	0,05656
61	0,1973	0,1398	0,1006	0,07321	0,05373
62	0,1905	0,1344	0,09636	0,06984	0,05104
63	0,1839	0,1293	0,09231	0,06663	0,04849
64	0,1776	0,1244	0,08844	0,06358	0,04607
65	0,1715	0,1197	0,08476	0,06068	0,04378
66	0,1657	0,1152	0,08123	0,05791	0,04161
67	0,1601	0,1108	0,07786	0,05528	0,03955
68	0,1547	0,1067	0,07464	0,05277	0,03760
69	0,1495	0,1027	0,07157	0,05039	0,03574
70	0,1446	0,09888	0,06863	0,04811	0,03398

Tafel III. Factor $\dfrac{1}{1{,}0p^n - 1}$.

Jahr	Prozent				
	$\frac{1}{2}$	1	$1\frac{1}{2}$	2	$2\frac{1}{2}$
71	2,3534	0,9739	0,5325	0,3247	0,2095
72	2,3146	0,9550	0,5205	0,3163	0,2034
73	2,2768	0,9367	0,5089	0,3082	0,1974
74	2,2401	0,9189	0,4976	0,3004	0,1917
75	2,2044	0,9016	0,4867	0,2928	0,1861
76	2,1697	0,8848	0,4761	0,2854	0,1808
77	2,1358	0,8684	0,4658	0,2782	0,1756
78	2,1028	0,8525	0,4558	0,2713	0,1706
79	2,0707	0,8370	0,4460	0,2646	0,1657
80	2,0394	0,8219	0,4366	0,2580	0,1610
81	2,0090	0,8072	0,4273	0,2517	0,1565
82	1,9791	0,7928	0,4184	0,2456	0,1521
83	1,9501	0,7789	0,4097	0,2396	0,1478
84	1,9217	0,7653	0,4012	0,2338	0,1437
85	1,8940	0,7520	0,3929	0,2282	0,1397
86	1,8670	0,7390	0,3849	0,2227	0,1358
87	1,8406	0,7264	0,3771	0,2174	0,1321
88	1,8149	0,7141	0,3694	0,2122	0,1285
89	1,7897	0,7021	0,3620	0,2072	0,1249
90	1,7651	0,6903	0,3547	0,2023	0,1215
91	1,7410	0,6788	0,3477	0,1975	0,1182
92	1,7174	0,6676	0,3408	0,1929	0,1150
93	1,6944	0,6567	0,3341	0,1884	0,1119
94	1,6719	0,6460	0,3275	0,1841	0,1088
95	1,6499	0,6355	0,3211	0,1798	0,1059
96	1,6283	0,6253	0,3149	0,1757	0,1031
97	1,6072	0,6153	0,3088	0,1716	0,1003
98	1,5865	0,6055	0,3028	0,1677	0,09761
99	1,5662	0,5959	0,2970	0,1639	0,09501
100	1,5442	0,5866	0,2914	0,1602	0,09248
101	1,5270	0,5774	0,2858	0,1565	0,09002
102	1,5079	0,5684	0,2804	0,1530	0,08762
103	1,4892	0,5597	0,2751	0,1495	0,08531
104	1,4709	0,5511	0,2700	0,1462	0,08306
105	1,4530	0,5427	0,2649	0,1429	0,08087
106	1,4354	0,5344	0,2600	0,1397	0,07874
107	1,4181	0,5263	0,2552	0,1366	0,07667
108	1,4011	0,5184	0,2505	0,1335	0,07466
109	1,3845	0,5107	0,2458	0,1306	0,07271
110	1,3682	0,5031	0,2413	0 1277	0,07081

Tafel III. Factor $\dfrac{1}{1{,}0p^x - 1}$.

Jahr	Prozent				
	3	3½	4	4½	5
71	0,1398	0,09522	0,06581	0,04595	0,03231
72	0,1351	0,09171	0,06312	0,04388	0,03073
73	0,1307	0,08833	0,06055	0,04191	0,02922
74	0,1264	0,08509	0,05808	0,04004	0,02779
75	0,1223	0,08198	0,05573	0,03825	0,02643
76	0,1183	0,07899	0,05346	0,03654	0,02514
77	0,1144	0,07611	0,05131	0,03491	0,02392
78	0,1107	0,07335	0,04923	0,03336	0,02275
79	0,1072	0,07069	0,04725	0,03187	0,02164
80	0,1037	0,06814	0,04535	0,03046	0,02059
81	0,1004	0,06568	0,04353	0,02911	0,01959
82	0,09719	0,06332	0,04179	0,02782	0,01864
83	0,09409	0,06105	0,04012	0,02659	0,01774
84	0,09110	0,05886	0,03851	0,02542	0,01688
85	0,08822	0,05676	0,03698	0,02430	0,01606
86	0,08543	0,05474	0,03554	0,02323	0,01529
87	0,08272	0,05279	0,03409	0,02223	0,01455
88	0,08013	0,05091	0,03274	0,02123	0,01384
89	0,07762	0,04911	0,03144	0,02030	0,01318
90	0,07519	0,04737	0,03019	0,01944	0,01254
91	0,07284	0,04569	0,02900	0,01855	0,01194
92	0,07056	0,04408	0,02785	0,01774	0,01136
93	0,06837	0,04252	0,02675	0,01696	0,01082
94	0,06625	0,04103	0,02570	0,01622	0,01030
95	0,06419	0,03958	0,02468	0,01551	0,009801
96	0,06221	0,03819	0,02371	0,01483	0,009330
97	0,06029	0,03686	0,02278	0,01419	0,008881
98	0,05843	0,03557	0,02188	0,01357	0,008455
99	0,05663	0,03432	0,02103	0,01297	0,008049
100	0,05489	0,03312	0,02020	0,01241	0,007663
101	0,05321	0,03197	0,01941	0,01187	0,007295
102	0,05158	0,03085	0,01864	0,01135	0,006945
103	0,05000	0,02978	0,01792	0,01086	0,006612
104	0,04847	0,02874	0,01722	0,01038	0,006296
105	0,04699	0,02774	0,01654	0,009933	0,005994
106	0,04557	0,02678	0,01590	0,009501	0,005707
107	0,04418	0,02585	0,01528	0,009088	0,005434
108	0,04283	0,02495	0,01468	0,008694	0,005174
109	0,04154	0,02409	0,01411	0,008316	0,004926
110	0,04028	0,02326	0,01356	0,007955	0,004690

Tafel III.　　　Factor $\dfrac{1}{1{,}0p^n-1}$.

Jahr	Prozent				
	$\frac{1}{2}$	1	$1\frac{1}{2}$	2	$2\frac{1}{2}$
111	1,3522	0,4956	0,2369	0,1249	0,06902
112	1,3365	0,4883	0,2326	0,1221	0,06717
113	1,3211	0,4812	0,2284	0,1194	0,06542
114	1,3059	0,4741	0,2243	0,1168	0,06373
115	1,2910	0,4672	0,2202	0,1143	0,06207
116	1,2764	0,4605	0,2163	0,1118	0,06046
117	1,2620	0,4539	0,2124	0,1094	0,05890
118	1,2479	0,4474	0,2086	0,1070	0,05739
119	1,2340	0,4410	0,2049	0,1047	0,05591
120	1,2204	0,4347	0,2012	0,1024	0,05447
130	1,0960	0,3779	0,1687	0,08249	0,04205
140	0,9899	0,3303	0,1420	0,06668	0,03255
150	0,8984	0,2900	0,1200	0,05406	0,02525
160	0,8189	0,2555	0,1017	0,04392	0,01961
170	0,7492	0,2258	0,08645	0,03575	0,01526
180	0,6877	0,2002	0,07361	0,02914	0,01188
190	0,6331	0,1778	0,06279	0,02378	0,009257
200	0,5843	0,1583	0,05864	0,01942	0,007217

Jahr	Prozent				
	3	$3\frac{1}{2}$	4	$4\frac{1}{2}$	5
111	0,03910	0,02245	0,01303	0,007610	0004462
112	0,03788	0,02168	0,01252	0,007280	0,004252
113	0,03673	0,02091	0,01203	0,006965	0,004049
114	0,03560	0,02020	0,01157	0,006662	0,003856
115	0,03455	0,01951	0,01112	0,006374	0,003671
116	0,03351	0,01884	0,01070	0,006097	0,003496
117	0,03250	0,01819	0,01027	0,005833	0,003329
118	0,03153	0,01756	0,009870	0,005581	0,003170
119	0,03058	0,01696	0,009487	0,005339	0,003018
120	0,02966	0,01638	0,009119	0,005108	0,002874
130	0,02191	0,01155	0,006142	0,003284	0,001763
140	0,01621	0,008164	0,004141	0,002112	0,001081
150	0,01201	0,005774	0,002794	0,001357	0,0006636
160	0,008914	0,004086	0,001886	0,0008737	0,0004073
170	0,006619	0,002893	0,001274	0,0005630	0,0002500
180	0,004914	0,002049	0,0008598	0,0003624	0,0001535
190	0,003652	0,001452	0,0005807	0,0002334	0,00009421
200	0,002707	0,001029	0,0003926	0,0001502	0,00005783